聆听
时间的节奏

汪波 著

时间之问 少年版 4

GUANGXI NORMAL UNIVERSITY PRESS

广西师范大学出版社

·桂林·

LINGTING SHIJIAN DE JIEZOU
聆听时间的节奏

出版统筹：汤文辉
品牌总监：耿　磊
选题策划：耿　磊
责任编辑：王芝楠　徐艳丽
美术编辑：刘冬敏
营销编辑：杜文心　钟小文
责任技编：王增元

图书在版编目（CIP）数据

聆听时间的节奏 ／ 汪波著. —桂林：广西师范大学出版社，2020.8
（时间之问：少年版；4）
ISBN 978-7-5598-3023-4

Ⅰ．①聆… Ⅱ．①汪… Ⅲ．①时间—少年读物 Ⅳ．①P19-49

中国版本图书馆 CIP 数据核字（2020）第 124693 号

广西师范大学出版社出版发行

（广西桂林市五里店路 9 号　邮政编码：541004）
（网址：http://www.bbtpress.com）
出版人：黄轩庄
全国新华书店经销
北京博海升彩色印刷有限公司印刷
（北京市通州区中关村科技园通州园金桥科技产业基地环宇路 6 号　邮政编码：100076）
开本：889 mm × 720 mm　1/16
印张：9　　　　字数：71 千字
2020 年 8 月第 1 版　　2020 年 8 月第 1 次印刷
定价：42.00 元

如发现印装质量问题，影响阅读，请与出版社发行部门联系调换。

序言

各位好奇心旺盛的少年朋友们好，

此刻你们捧着这本书，也许很好奇作者是谁？而我同样看不到你们，也好奇地想象着读这本书的人是谁？在我眼前，出现了未来的科学家、音乐家、工程师，还有医生、程序员、诗人，又或是任何一个普通人。我猜你们都喜欢在大自然里自由自在地行走，喜欢梦想未来。

我小时候也喜欢梦想将来。前些天我翻出了初中的一篇日记，上面写到了我的一个梦想。有一次我发现数学里的函数居然和物理图像有着紧密的联系，一瞬间两门学科像交错生长的植物关联在一起，这个发现让我非常兴奋。于是我有了一个异想天开的梦想：将来我要把各科知识有机结合起来，互相促进，寻找出它们之间的内在联系……

后来在忙碌的学业和工作中，这个想法渐渐淡忘了。但它没有完全消失，只是悄悄埋在了心里。如今这个想法生根发芽了，我迫切地想把它分享给你们。那么，我会如何完成这个艰巨的任务，把不同的学科串联起来呢？我选择的是一种特殊的材料——时间。因为，在时间里隐藏着广阔宇宙和微小粒子的秘密，在时间里铭刻着我们生生不息的文化和节气民俗，在时间里运行着身体和生命的规律。那么，如何用时间串联起这一切呢？不是在课堂上，而是在旅行中。我邀请你一起加入一场父母和孩子的旅行，在群山中倾听大自然的呢喃，在大自然中漫步、搭帐篷、登山漂流，跟亲近的人探索其中的天文、物理和生命的奥秘，这会不会是一种很酷的体验呢？

作为一个好奇的少年，也许你很想弄清楚：宇宙是如何起源的？夜空为什么是黑色的？时间能倒流吗？节气是阴历还是阳历？钟表为什么嘀嗒嘀嗒地走动？为什么人到了晚上就会困倦？让我们一起在旅行中发现这一切。每个周末，两个孩子会跟着爸妈出去探索自然。野外无穷的新鲜事物，孩子们都喜欢叽叽喳喳向父母问个不停。每次出游都有一个与时间有关的主题，或者是节气、或者是天文，又或者是动植物。我希望你们以世界作为唯一的书本，体会这些令人激动的发现时刻。

我们会探索时间的起源，时间的箭头和方向，宇宙在时间中的演化，节气和闰月，精密的时钟和人体里的生物钟。你会了解到我们农历新年的日期起源于何时，时间在高山上比在平原上流动得快那么一点点，时间的箭头有可能反过来，从未来流向过去，而身体里的生物钟也会跟随着地球自动调节时间。我会用一锅意大利字母面来比喻宇宙的起源，用帐篷里的影子来描述十二星座，用小溪里的漂流来说明时间如何变慢，用荡秋千来演示时钟的原理，用积木来解释闰月是怎么回事，用远去的汽车尾灯来形容宇宙如何加速膨胀。

除了收获知识，我更希望你们能在大自然中体验到生命的瑰丽和亲情的美好，体会到父母对你们的付出和陪伴的不易。在野外露营中，拆装帐篷、挖沟渠，这些活儿都缺少不了爸爸，爸爸在科学方面的丰富知识和野外环境中的沉着冷静是你们的榜样；当然妈妈的悉心陪伴也不可或缺，妈妈在文学、诗歌、音乐方面的修养是你们的心灵的营养。

也许你们现在每天都有一些奇妙的想法，那么请好好收藏它们，万一哪天实现了呢，就像我曾经的这个知识融合的想法。也许曾经有门课你无论如何努力都学不好，但这很可能与智力根本无关，只是与某个特定思考方式有关。也许这场野外旅行中的某个情景会让你有所领悟，为你打开一扇新的入门。

我想象不出，这部作品会以一种什么样的方式影响到你。也许它只是陪你度过一段时光。也许它为你通往宇宙的奥秘打开了一道门缝，让你直接体会到世界的神奇，而无须陷在公式堆里。也许它为你展示了先人的智慧和他们留下的巨大遗迹，令你对他们刮目相看。也许你会意识到所谓的现在并不存在，从而不再纠结于英语的过去时和现在时。也许你会恍然明白世界不再以你为中心——不论是在家里还是在广阔宇宙里，而你也能从容以待。又或者对着星空发呆时，你会突然意识到你身体的元素亿万年前也曾经飘曳在那里，经过漫长的旅行重新汇聚在你的身体里……

世界在你面前展现为一个圆环，而你是其中的一段弧，与大自然、父母以及所有人连接在一起。

那么，让我们开始这段时间之旅吧！

目录

1

第七章

生命

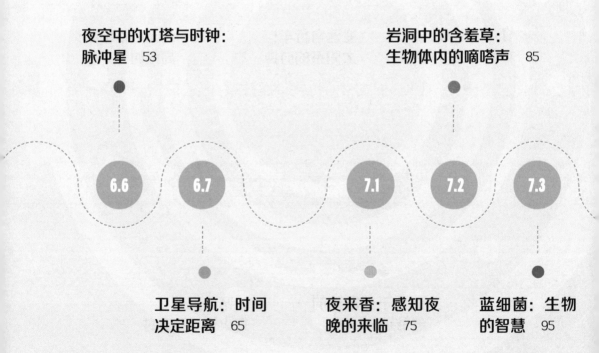

6.6 6.7 7.1 7.2 7.3

第六章

嘀 嗒

灯花耿耿漏迟迟：
水滴里的时间

周五傍晚，一家人简单吃了点东西就出发了。车行驶在去露营地的路上，雨点渐渐落在挡风玻璃上。雨滴声音很轻，像细细的小沙锤的声音。雨刮器间歇地打着节拍，像轻盈的指挥棒。雨滴越来越密，序曲结束，音乐会进入正题，雨刮器开始起舞。音乐会渐渐进入高潮，指挥棒舞动得飞快。就在妈妈开始担心的时候，音乐戛然而止，雨刮落下，原来他们的车冲出了积雨云的覆盖范围。

到了营地，妈妈帮爸爸卸下东西，哥哥和爸爸熟练地搭建好帐篷。妹妹闻着空气中潮湿的、混合着草和泥土的清香，抬头看着天发呆。

等大家钻进帐篷后，爸爸点上露营灯，四周一片寂静，天空中没有星星。就在他们觉得有点沉闷的时候，云朵携带雨水一路追赶而来，善解人意地敲打在帐篷上，叮咚作响，为他们弹奏着一支小夜曲。

爸爸突然想起来要挖排水渠，就披了一件雨衣准备出去。哥哥也要去，妈妈把他留了下来。

哥哥刚坐下，帐篷的一角便开始漏雨，沁凉的雨水滴在他头上。妈妈左翻右翻，找到一个妹妹玩沙子的桶，摆在漏洞下方。水滴跌落在桶中，发出一阵阵清脆的声响。

妹妹好奇地盯着她的小桶，水滴砸在水面上溅起几点水珠，一个个小圆圈快速荡漾开来，水面恢复平静。紧接着，又一滴水落下，重复之前的过程。

"爸爸什么时候才能回来呀？"妹妹问。

"我们先听一段音乐吧，"妈妈说，"听完了，爸爸应该就回来了。"

妈妈从手机里找到一首钢琴曲，播放出来："这是肖邦的《雨滴前奏曲》。"一段抒情的旋律缓缓响起，伴随着轻柔的滴答声。妹妹和哥哥被这旋律所吸引，专注地听着，仿佛被乐符引入了一座静谧的森林。随后，乐曲中出现了单调而有力的节奏，仿佛是沉重的雨声，低沉庄严。最后，柔和的旋律再次回归，雨滴渐渐远去。

一曲终了，哥哥和妹妹渐渐从这首钢琴曲引发的想象中回过神来。爸爸还没有回来，妈妈拿起一本《宋词》随便翻着。

妹妹觉得有点无聊，她歪着头瞥了一眼妈妈手里的《宋词》，指着一个字说她认识这个字。妈妈定睛一看，原来是"花"字。这是北宋魏夫人写的一首词，其中有一句是"灯花耿耿漏迟迟"，妈妈就随口念了出来。

"这句话是什么意思呀？"妹妹问。

妈妈望着帐篷中央昏暗的露营灯说："在漫漫长夜，伴随着一盏孤灯等那个本来早该回来的人，听着漏刻缓慢的滴水声，感觉时间是那么漫长，就像今夜。"

"妈妈，什么是漏刻呀？"哥哥问。

"就是一种漏壶，下面有小孔，水均匀滴出，浮在水面的木棍上有刻度，古人用它来计时。"妈妈回答。

"这么说，我们的帐篷就是一个大漏壶了。"哥哥自嘲道。

正说着，爸爸回来了。他脱下雨衣，长时间弯腰挖渠有点累了。

"爸爸，你终于回来了！"妹妹拉着爸爸的手。爸爸笑了笑，喘了口气。

"妈妈刚才说，古代的漏刻就是古人的钟表。你知道它是什么样的吗？我想你帮我做一个。"妹妹说。

"哦，是吗，就是那种滴水的东西？我找找看有没有材料。"爸爸说着坐了下来，他看到脚边有一瓶矿泉水，便拧开盖子，把剩下的半瓶水一口气喝光了。

妹妹靠了过来，看爸爸怎么做。爸爸又从包里翻出一把小刀，在矿泉水瓶子底部扎了一个小孔，拿起地上接水的小桶，把雨水倒进瓶子，水从小孔里一点儿一点儿地滴出来。

"这就是漏刻吗？"哥哥问，"那怎么看时间呢？"

"哦，差点忘了。"爸爸一拍脑门，让妈妈找了一根筷子，插进瓶子里，筷子浮在水上，"你们看，瓶子里的水越来越少，筷子也会变得越来越低。如果筷子上有刻度，就知道过去多长时间了。"

"一刻钟的'刻'，就是从这里来的吗？"妈妈问。

"对，就是漏刻上的刻度。"爸爸说。

"那古代一刻钟也是 15 分钟吗？"哥哥问。

"古代把一天 24 小时分成 100 刻，一刻就是 0.24 小时，也就是 14.4 分钟。"爸爸说。

▲ 简易漏刻
（示意图）

"为什么比现在的一刻钟差一点儿呢？"哥哥偏着脑袋问。

"因为清朝的时候西洋钟表被引入中国，为了方便，一天就改为了 96 刻，每个小时刚好 4 刻。"爸爸说。

"这么说，卯正二刻是几点？"妈妈突然问，"我记得《红楼梦》里王熙凤要求仆人们每天早晨卯正二刻就起床集合点名。"

"这就是所谓的'点卯'吧？"哥哥问。

"是啊。我们先算算卯时。"爸爸说，"你知道子时是几点吧？"

"是半夜 12 点。"

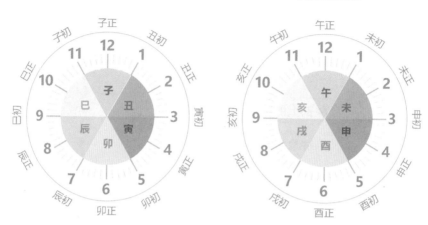

午前的时辰　　　　　　　　午后的时辰

"嗯，确切地说，是夜里 11 点到凌晨 1 点这两个小时。11 点到 12 点叫子初，12 点到凌晨 1 点叫子正。所以我们可以推算出卯正是几点？"

哥哥扳着指头一点点算："子、丑、寅、卯，每个时辰之间差两个小时，子正是 12 点，丑正是 2 点，寅正是 4 点，所以卯正就是 6 点。"

"对，很好。"爸爸说。

"那二刻呢？"哥哥问。

"每小时分为 4 刻，整点叫初刻，15 分叫一刻，半点叫二刻，45 分叫三刻。"

"所以卯正二刻就是 6 点半！"哥哥恍然大悟道。

"对。"爸爸说。

"那可真早啊！还好明天我们不用早起。"哥哥说。

"爸爸，现在什么时辰了？"妹妹问。

爸爸看了看表说："已经亥正一刻了。"

"不早了，我们睡觉吧。"妈妈说。

一家人伴随着雨滴声渐渐入眠了。

古代的计时工具

古代中国采用漏刻计时。漏刻由两部分组成："漏"是一个盛水的壶，下面有小孔，水可以缓慢而均匀地滴下来；"刻"是浮在水面的刻度尺，会随着水面下降而下降，用来指示时间。一昼夜 24 小时为 100 刻，一刻就是 14.4 分钟。

▲水运仪象台复原物（台湾自然科学博物馆）〔资料来源于 https://zh.m.wikipedia.org/wiki/File:Water-powered_Armillary_%26_Celestial_Tower.JPG〕

1090 年，宋朝大臣苏颂发明了一台能自动计时和进行天象观测的装置——水运仪象台，它由水力驱动。水匀速流入一个水斗，水斗积满水后反转，进而驱动齿轮装置旋转，经过一系列传动装置，让整个水运仪象台运行起来。这台装置相当精密，每 25 秒落一斗水，带动昼夜机轮、浑象和浑仪一昼夜转一周，可以演示天象变化。

　　据说整个水运仪象台高 12 米，宽 7 米，呈四方形。上层屋子放置浑仪，中间一层是密室，放置浑象，下层放置报时装置和动力机构。顶层屋顶隔板就像现在的天文台屋顶一样可以开启或关闭，便于观测星空。

6.2

荡秋千：摆动的老爷钟

周六早上，一家人在鸟鸣声中醒来。滴答的雨停了，地上的水桶里已经接满了水。

"我们的钟停止计时了！"妹妹说。她把整条手臂一点点伸到桶里，感受着清凉与快意。

钻出帐篷，哥哥张开双臂伸了个懒腰，新鲜的空气扑面而来。青翠的大山被雨水洗刷一新，在初升太阳微光的映照下，山腰上挂满水珠的小草反射出晶莹的光芒。

"我们上午去哪里玩？"哥哥吃完手里的面包说。

“我想玩荡秋千！”妹妹说完，去找她的秋千和绳子。秋千的座椅是塑胶做的，并不沉，只需把绳子挂到树上。

　　“可是这里没有大树呀！”哥哥说。

　　妈妈四下张望，指着河边的一片树林说：“那里有大树！”

　　哥哥也向河边望去，一条石子路朝着小河延伸。“好啊，我们就去那边吧。”哥哥说，“我正想去骑自行车。”

　　这次出门，哥哥带上了他的折叠自行车。爸爸帮他把自行车从汽车上拿下来，哥哥熟练地展开。一家人带上装备，朝着河边走去。

　　微风吹拂着妈妈的头发和爸爸手里的秋千绳，妹妹走在最前面一蹦一跳。

　　“为什么钟表嘀嗒嘀嗒？”哥哥走在后面突然冒出一句，大家没有在意。

　　“那是因为——雨水吧嗒吧嗒。”哥哥接着说。

　　妈妈和爸爸相视一笑。

　　“为什么岸边的柳枝摆来摆去？”哥哥继续问道。

　　“为什么呀？”妈妈忍不住回头问他。

　　“那是因为——”哥哥停下来想了一下，说，“妹妹的辫子晃来晃去。"

妹妹停下来，头上的马尾辫也停住了，她白了哥哥一眼说："这都什么和什么呀！"说完径自朝前走去。

一家人来到了河边。哥哥找到一棵粗壮的大树，爸爸把秋千绳拴上去，固定好。妹妹很开心，坐在了秋千座椅上。妈妈轻轻地推她一下然后松手，留下妹妹悠然地晃荡。

"真像一台老爷钟。"哥哥过来说。

"什么是老爷钟？"妹妹问。

"就是有长长的钟摆的座钟。"哥哥说完，嘴里模仿着摆锤的声音。

过了一会儿，妹妹渐渐停下来了。

"既然这个秋千这么像老爷钟的钟摆，它是不是也可以当钟表计时呀？"哥哥问。

"我们可以试试。"爸爸说着，往秋千座上绑了一块石头，"如果我没记错的话，老爷钟的摆锤长度是 1 米，对应的周期刚好是 2 秒钟。"

"可是我们的绳子不止 1 米，又怎么知道它摆动一次的时间呢？"哥哥问。

爸爸把手张开，用大拇指和中指之间的距离作为 20 厘米的标尺，估算出绳子长约 1.7 米。"绳子比老爷钟的摆锤长，所以周期也应该更长。"

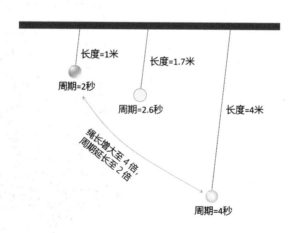

"变长多少呢？"哥哥问。

"我算算，"爸爸把 1.7 输入手机里的计算器，按了一下开根号键，得出一个数字 1.3，"变大至 1.3 倍。老爷钟的周期是 2 秒，那么秋千的周期应该是 2.6 秒。"

"那我们晃 10 下，看看是不是 26 秒。"哥哥说。

爸爸把绳子拉高一点儿，放手的同时开始用表计时，妹妹和妈妈一起数数。当数到 10 的时候，爸爸看了看表，刚好过了 26 秒。

"真有意思。"妹妹说。

哥哥又试了一次，还是 26 秒。"嘿！这个简陋的时钟还挺准的。"

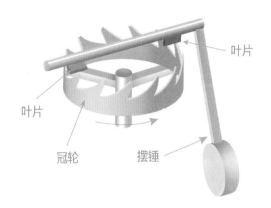

叶片

叶片

冠轮   摆锤

▲摆钟里的擒纵轮把摆锤的左右摆动转换成齿轮的圆周运动

"可是，"妈妈看着秋千说，"钟表的摆锤来回摆动，而指针却在一圈圈地转动，这是怎么回事？"

"这个问题其实不难，全靠一个叫'擒纵轮'的元件，它连接着摆锤和齿轮。当摆锤摆到一边时，擒纵轮松开齿轮，让齿轮开始转动；当摆锤摆到另一边的时候，擒纵轮卡住齿轮，发出'嗒'的一声。这样，齿轮转一下停一下，带动着秒针'嘀嗒嘀嗒'地转圈。"爸爸说。

"原来如此。"哥哥说，"除了秒针，分针和时针又是怎么转动的呢？"

"它们靠的是齿轮驱动。别小看这些小小的齿轮，没有它，你的自行车就没法骑了，我们的汽车也没法开动，几乎所有的火车、飞机、机器都要停工。你要是想搞清楚它们具体是怎么工作的，我们去骑车，边骑边说。"

　　"可是我们只有一辆自行车。"

　　"你骑车，我开车在旁边跟着你。"爸爸说。

机械钟的发明：精确计时的开始

意大利科学家伽利略发现，单摆在做小幅度摆动时，来回摆动一次的时间总是相等的，可以用来计时。而且，摆动一次的时间只与绳长有关，与单摆的重量无关。后来荷兰物理学家惠更斯发现，单摆的周期的平方与绳长成正比。例如，要想让锚头周期延长至 2 倍，绳长就得增大至 4 倍。

1670 年，英国出现了一种新的锚式擒纵器，可以用在落地式大摆钟——老爷钟上。钟摆摆动时，牵扯着锚左右

▲锚式擒纵器：锚头摆到左边，轮齿被右边的犬牙卡住，发出"嘀"的一声（左图）；锚头开始向右摆动，右边的犬齿松开，齿轮顺时针方向转动（中图）；锚头摆到最右边时，齿轮被左边的犬牙卡住，发出"嗒"的一声（右图）

晃动，锚上突出的两个犬牙时而咬住轮齿，时而松开轮齿，把摆动转换成了齿轮的转动。老爷钟的摆锤长度是 1 米，对应的周期刚好是 2 秒。但这样的钟太大了！

1675 年，惠更斯设计了一种非常轻巧的弹簧，盘绕成圆形，称为"游丝"。弹簧释放弹力，驱动摆轮在一个平面上来回转动，接着再驱动齿轮和指针。它无需竖立放置，甚至可以做成小巧的怀表和手表。

▲机械表内部的齿轮和游丝

▲游丝是用合金制成的细弹簧，盘成螺旋形

6.3

变速自行车:
太阳系的时钟

　　爸爸回到营地开了车,跟在哥哥后面。哥哥骑上车,沿着一条碎石路溜了下去,轮胎碾压在石子上,发出"咯咯"的声音。到了坡底,紧接着是一个上坡,哥哥一摇一摆地费力蹬车,车子越来越慢。爸爸把车开到与哥哥平行的位置,大声对他说:"记得换挡!"

　　哥哥明白了,立刻换到比较省力的爬坡挡位。他努力地蹬着车子继续爬坡,到达坡顶时车子几乎要停下来了。

之后的路也是一段下坡一段上坡，骑得很辛苦。哥哥不停地换挡，终于骑了过去。

在爬上一个坡顶后，哥哥终于停了下来，把车子支好，准备休息一下。爸爸也从汽车上走下来，和哥哥一起坐在草地上。

"累不累？"爸爸问。

"有点累，幸好有变速挡。"哥哥说，"对了，这变速挡是怎么工作的？"

爸爸站起来，指着自行车说："你看，这里脚蹬处有一个齿轮，而后轮旁边有一组齿轮，前后齿轮用链条连接在一起。"哥哥也站了起来，观察着自行车的后轮。

这时，爸爸抬高后轮，用手转动脚蹬，让后轮空转。他让哥哥换到爬坡挡试试。

"我看到了，链条从后轮旁边的小齿轮切换到了较大的齿轮上。"哥哥说。

"对，上坡需要用力，链条切换到大齿轮上，蹬起来省力。"

"不过要蹬许多圈才能前进一段呢。"

"对。现在你切换到平路挡。"爸爸说，只见链条又切换到了较小的齿轮上，"这样蹬起来要用更大的力，但蹬一下就可以走很远。"

"为什么会这样？"哥哥问。

爸爸从钱包里找出两枚五角硬币，将它们并排摆在一起："假设这是两个齿轮，注意看硬币边缘，有锯齿状的刻槽，这样的刻槽可以使两个齿轮啮合在一起，一个齿轮转动会带动另一个齿轮转。如果这两个齿轮的齿数一样多，那么它们转过的圈数相等。"

哥哥点点头。爸爸又找出一枚更大的一元硬币，跟刚才的一枚五角硬币靠在一起："大齿轮边缘的齿数多，小齿轮边缘的齿数少。如果大齿轮的齿数是小齿轮的 2 倍，则大齿轮转一圈对应于小齿轮转 2 圈。所以蹬一圈大齿轮，小齿轮能转两圈，可以带动自行车后轮跑得更远。"

"噢，我明白了。"

"你知道吗，汽车里也有许多齿轮，汽车变速也是类似的原理。刚才我开车时也在换挡。爬坡时切换成低速挡更轻松，在平路上则切换到高速挡，汽车跑得更快。"

爸爸说完，把自行车折叠好放进汽车后备箱，和哥哥上车，一起回到了营地。

"除了汽车和自行车，还有哪里需要齿轮？"哥哥从车上下来，问爸爸。

"还有很多地方，比如飞机的发动机、轮船的轮机、车床，等等，只要有动力传动的地方都需要。齿轮是整个工业的基石。还有我们刚才提到的钟表。"

"那钟表里的齿轮是怎么工作的呢？"

"和自行车类似。如果两个齿轮的齿数比值是 60，就可以把秒针的转动变成分针的转动。"

"那从分针到时针，需要的齿数比又是多少倍？"哥哥问。

"这个很容易，你可以想一想。"

"分针转一圈是 1 小时，时针转一圈是 12 小时，那么是 12？"

"你说对了。你有没有想过，除了人类发明的钟表，我们的太阳系其实也是一个巨大的钟表，里面也有一个 12 倍的关系：当一颗行星公转了 1 圈时，另外一颗已经转了 12 圈。"爸爸说。

"是吗？"哥哥想了想，"我们以前说过吗？"

"有啊，你想想。"

"哦，是地球和木星吧？"

"对，木星的公转周期是 11.86 年，近似于 12 年。如果把太阳系当成一台巨大的时钟，地球是分针，那么木星就是时针了。"

"这么巧？看来太阳系真的挺像一台时钟的。可是为什么木星的公转周期差不多是 12 年呢，这是巧合吗？"

"不完全是巧合，它的公转周期是由其轨道半径决定的。你还记得吗，钟摆越长，摆动的周期也越长。同理，行星的轨道半径越大，它的公转周期也就越长。比如太阳系最内侧的水星，公转周期只有 88 天，而较远的土星，公转一周需要 29.5 年。要想知道行星的公转周期，就要先知道它们的轨道半径。"

"那太阳系各大行星的轨道半径分别是多少呢？"

爸爸拿出一张纸，写下一串数字递给哥哥：

0，3，6，12，24，48，96，192。

"每个数都是前一个数的 2 倍，"哥哥很快发现了规律，"除了最前面的 0 和 3。"

"请给每个数加上 4，然后除以 10。"爸爸把纸递给哥哥。哥哥很快写好了一串新的数字：

0.4，0.7，1，1.6，2.8，5.2，10，19.6。

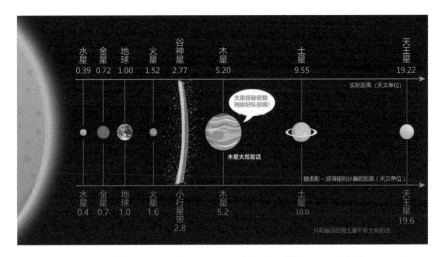

▲太阳系行星的实际位置与提丢斯－波得定则估算的位置（非实际比例）

"这些数字是什么意思？"哥哥不解地问。

"它们是太阳系里除了海王星外，其他七颗行星的轨道半径。以地球到太阳的距离为基准，将其视为一个天文单位，也就是这串数字里的 1，那么其他数字就分别是水星、金星、火星、小行星带里的谷神星、木星、土星和天王星到太阳的距离。"

"这么巧，几大行星的轨道半径一下子就都有了。那这些数字能做什么呢？"

"我们根据这些数字，就可以推测出各个行星的公转周期了。比如，木星到太阳的距离是 5.2 个天文单位，我们就可以推算出它的公转周期是多少年。"

"那要怎么推算呢？"

"根据的是开普勒第三定律，也就是说，行星公转周期的平方和轨道半径的立方成正比。对了，立方就是一个数连乘三次。"

"能举个例子吗？"

"比如，一颗行星的轨道半径是 4 个天文单位，那么它的公转周期就会是 8 年。4 的立方刚好等于 8 的平方。"

"噢，我明白了。现在，我们可以推算木星的公转周期了吧？"哥哥有点跃跃欲试。

"好，我们看一下木星的轨道半径，是 5.2 个天文单位，那么 5.2 的立方等于多少呢？"爸爸点开手机里的计算器，求出了结果 140.608，"这个数值应该等于木星公转周期的平方。"

哥哥看着这个数字想了一下，说："木星公转周期大约是 12 年，12 乘以 12 会是多少呢？"他在心里默算了一下，等于 144。

"啊，这两个数这么接近！"哥哥惊讶地叫道。

"是啊。如果把 12 换成 11.86，也就是木星公转周期的精确数值，你试试看结果如何。"爸爸把计算器递给哥哥。

哥哥计算了 11.86 的平方，计算器上显示的结果让哥哥跳了起来：140.66，几乎和刚才得到的数值一样！

"这个开普勒第三定律真准！"哥哥开心地喊道。

"如果还想更直观一些，我们可以做一个太阳系模型，就是那种行星按照各自的公转周期绕着太阳旋转的模型，可以直接观察到，木星公转 1 周，地球大约公转了 12 周。"

"是吗？怎么才能做出这样的太阳系模型呢？"哥哥好奇地问。

"用齿轮组就行，不同的行星之间用齿轮关联起来。只要选用不同的齿轮数比值，就能实现行星的不同旋转速度。例如，只要把地球和木星之间的齿轮数比值设定为 12，那么木星公转 1 周，就可以通过齿轮带动地球公转 12 周。再比如，地球的公转周期大约是水星的 4 倍，选择齿数比值是 4 的两个齿轮，地球公转 1 周可以带动水星公转 4 周。如果你感兴趣，下次我们可以买一个太阳系模型拆开来看看。"爸爸笑道。

哥哥兴奋地点点头。

又过了一会儿，妈妈和妹妹也回到营地，做午饭的时间到了。

齿轮计算

人类曾经梦想实现自动计算，比如摇动一个手柄就可以得出结果。而齿轮可以帮助人们实现这种计算。只要把两个齿轮啮合在一起，例如它们的齿数比是 1:2，那么一个齿轮转动一圈就可以带动另一个齿轮转 2 圈，于是实现了一次乘以 2 的计算。又如左图大齿轮有 18 个齿，小齿轮有 12 个齿，比值是 3:2 或 1.5。大齿轮转动半圈，小齿则转过了四分之三圈，所以这个齿轮组实现了乘以 1.5 的计算。

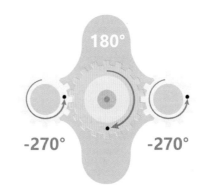

▲ 齿数比为 3：2 的一组齿轮，可以用来做 1.5 的乘法或除法

太阳系行星的提丢斯 – 波得定则

这个定则是由 18 世纪的丹尼尔·提丢斯和约翰·波得总结出来的。它不仅与人们当时已知的金木水火土等行星的轨道规律吻合，也在后来发现的天王星的轨道数值上得

到验证。它激发人们在火星和木星之间搜索并最终发现了谷神星。实际上，由于太阳和木星强大引力的拉扯，谷神星轨道附近没法形成大行星，只有一群小天体组成的小行星带。而后来发现的海王星不再遵守这个定则。

星球	实际轨道半径（天文单位 AU）	根据提丢斯－波得定则估计的轨道半径（AU）	公转周期（地球年）
水星	0.39	0.4	0.24
金星	0.72	0.7	0.62
地球	1.00	1.0	1.00
火星	1.52	1.6	1.88
谷神星	2.77	2.8	4.61
木星	5.20	5.2	11.86
土星	9.55	10.0	29.46
天王星	19.22	19.6	84.01
海王星	30.11	38.8	164.82

　　科学家发现，大行星的引力除了能够清空轨道附近的小行星，还能够清空与大行星轨道周期成整数倍的轨道。例如，如果木星的公转周期恰好是地球的 12 倍，那么每 12 年两者就会交会一次，地球就被吸引得靠近木星一点儿，长此以往，地球将脱离自己的轨道。这个原理能解释为什么土星环中间有一条缝。

　　土星环是一层由尘埃和石块组成的非常薄的薄膜，它被一道缝隙分割成 A 和 B 两个环。本来缝隙的位置也有尘埃和石块，但因为缝隙对应的轨道周期恰好是土星最内侧卫星土卫一的轨道周期的 2 倍，所以这个轨道长期受土卫一的吸引而被清空，留下了一条细缝。

[资料来源于 NASA]

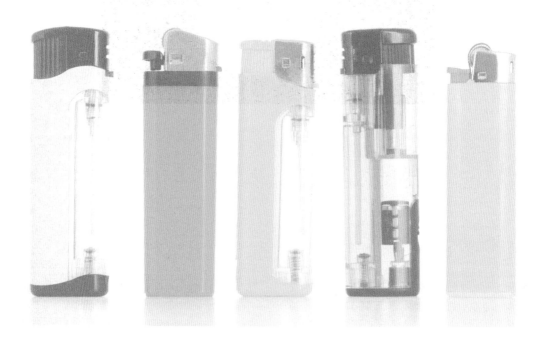

6.4

咔嗒一声：
打火机与石英钟

妈妈正要生火做饭，让爸爸帮忙找打火机。

过了一会儿，爸爸拿着一个小巧的气体打火机回来了。妹妹好奇地看着爸爸手里的打火机，想看看它究竟是怎么打着火的。爸爸给她演示了一下：用拇指用力按下开关，只听"咔嗒"一声，一簇小火苗就从火口蹿出来了，松开手后它就熄灭了。

妹妹把打火机拿过去端详了一会儿，说："可是这里面没有火呀，只有水。"

"哦，那不是水。"爸爸提醒她，"这种液体叫液化气，是可以燃烧的。"

"是什么点着它的？"妹妹问。

"是打火机发出的电火花引燃了它，而电火花是电荷放电产生的。"

"电荷是什么？"妹妹问。

"还记得我们以前说过的电子吗？电子就是一种电荷。电荷的作用很大，因为有了它，才能驱动我们的洗衣机、电视机等电器工作。"

"那打火机里的电荷是从哪里来的？"哥哥问。

"它来自一种陶瓷。"爸爸说，"这是一种特殊的陶瓷，它在受到挤压或者拉伸的时候会释放电荷。"

"真是不可思议！为什么陶瓷会释放电荷？"哥哥问。

爸爸想了想，一时不知该怎么解释。突然，他看到桌上的围棋盒，就让哥哥帮忙找出3颗白子和3颗黑子。爸爸拿着这6颗棋子，把它们一一摆到桌子上，黑白交替地组成了一个六边形。哥哥和妹妹看着这六边形状，等待爸爸解释。

石英晶体内的压电效应　🌙 硅原子　⚫ 氧原子

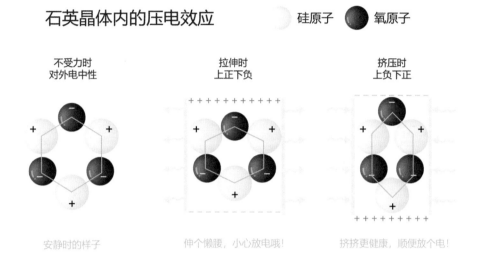

不受力时
对外电中性

拉伸时
上正下负

挤压时
上负下正

安静时的样子　　　伸个懒腰，小心放电哦！　　　挤挤更健康，顺便放个电！

"这就是这种陶瓷晶体里的原子结构。"爸爸说，"陶瓷里的主要元素是硅和氧，它们结合在一起时，一个带正电荷，另一个带负电荷，就像这里的黑子和白子。晶体没有受到挤压时，正负电荷交替形成一个规则的六边形，因为结构很均衡，所以从外面看这六个原子是电中性的，不会放电。"

爸爸接着用手挤压两侧的围棋："如果两侧受到挤压，上下的黑子和白子突出，这个六边形就不均衡了，整体的电中性受到破坏，在它的上方和下方就会分别表现出带正、负电的电荷，这样就会放电。同样，如果两侧受到拉伸，也会放电。"

"原来如此。这种材料叫什么？"哥哥问。

"它叫压电陶瓷，通过压力让陶瓷变形，从而产生电荷。"爸爸说，"换句话说，它能把压力转换为电荷。不仅如此，这个过程还可以反过来。"

"反过来？从电荷到压力吗？"哥哥问。

"对，这叫逆向压电效应。给这个材料施加一些电荷，那么它的形状会发生微弱的改变。"爸爸说。

"是吗？正反都可以工作，这真有趣。"哥哥说。

"如果把正向压电和逆向压电结合起来，你猜猜看可以做出什么？"爸爸问。

哥哥努力地想，最后还是摇了摇头。

"我们可以做出一台石英钟！"爸爸眨了眨眼睛说。

"能做一台钟！这是什么原理呢？"哥哥问。

"还记得上午我们用一架秋千做成了钟摆吗？钟摆摆到最低点时，钟摆的高度（势能）就转变为运动的速度（动能），之后运动的速度又转换成钟摆的高度，依此往复，一直摆下去。类似地，石英钟里的石英有正向和逆向压电效应，它们把电能转变成机械振动，然后又转换回来。如此循环往复，就可以产生电子时钟里周期往复的信号。"爸爸说。

▲天然石英晶体

▲石英表内部（银色长圆柱是
石英晶振，红色线圈是电感）

"石英晶体到底长什么样？"哥哥很好奇，"在没有看到实物之前，我没法相信，除非你让我把你手上的表拆开看看。"

"啊，你真的要拆吗？这可是我生日时妈妈送给我的礼物！"爸爸说。

"只是打开看一下嘛。"哥哥说。

"好吧——我来拆。"爸爸说着，拿来瑞士军刀，撬开手表的背壳，露出了纽扣电池和电路板。

"这个就是石英晶体吗？"哥哥指着一个红色线圈说。

"不是，那是电感。石英晶体在这里，又叫石英晶振。"爸爸指着一个外面包着银色金属壳的圆柱体说。

"石英钟比机械钟走得更准，这跟石英的压电效应有关系吗？"哥哥问。

"有很大关系。机械钟需要金属部件来回运动摩擦，时间长了就有磨损，而且金属零件会随着温度变化而变形，这些都让装置走得不准。而石英晶体，工作时几乎没有磨损，也很少受温度变化的影响。"爸爸说。

"我们能把石英晶体拆下来吗？"哥哥问。

爸爸仔细看了看手表上的石英晶体，说："哦，它被焊在了电路板上，我们没有带电烙铁，恐怕拆不下来。"说完，他耸了耸肩。

哥哥有点遗憾地把石英表拿在手里打量，过了好一会儿才把后壳盖上。

石英的压电效应与钟表

构成石英的主要元素是硅和氧，它们在自然界中广泛存在。1880 年，法国的皮埃尔·居里和雅克·居里两兄弟发现了晶体的正压电效应：当晶体在对称轴方向上压缩或膨胀时，会在表面积累电荷。这种正压电效应能把振动的动能转换为电能，而且在转换的过程中晶体几乎没有磨损。后来，里普曼预言了逆压电效应：给晶体两侧施加电荷时，晶体会压缩或膨胀，即晶体能把电能转换为机械振动。正压电效应和逆压电效应，二者对立互反、此消彼长。

1928 年，贝尔实验室的沃伦·马里森发现可以用这种压电效应来产生周期性的信号。只要在晶体外面施加一个正负交替变换的电压，就可以让晶体伸缩，而晶体的伸缩

▲石英晶体振荡器

▲石英晶体振荡器内部

又会产生新的正负交替变化的电压，它又会促使晶体继续伸缩变形。如此周而复始，就可以驱动产生周期性的时钟信号。

　　石英晶体产生的时钟信号非常稳定。1939 年，英国格林尼治天文台采用了石英钟时间作为计时标准，每天的误差只有千分之二秒。石英晶体广泛存在，价格低廉。从手机到电脑、从玩具到遥控器，几乎所有的电器里都有一颗石英晶体。

6.5

云无心以出岫：高频时钟

午后，妈妈和爸爸躺下休息，孩子们累了，也躺下睡了一觉。醒来后，他们觉得神清气爽，体力恢复了不少，于是准备沿着溪水向上游行走，直至爬到山顶。

淙淙的溪水冲刷出宽宽的堤岸，大家背着包有说有笑地上路了。走了一阵子，溪流渐渐变窄，地势也从平路变成了缓坡。脚下的路越来越窄，两旁草木的颜色越来越深。

又过了约一个小时，山势越来越陡峭，有些地方需要跨过去或者攀爬。爸爸时不时地招呼两个孩子，或者拉他们一把。

溪流变窄了，但仍有气势，从山涧飞跃而下，撞在石上，发出震耳的响声。飘散在空中的水花包围了大家。

"妈妈，这水真凉！"妹妹好奇地说，"可是这溪水是从哪里来的呀，山顶上是不是有个大湖？"

他们来到了最为陡峭的一段山路，只能容一个人通过。爸爸在前面开路，孩子们紧紧跟着，妈妈殿后。

"不要看山下，只看好脚下的路。"爸爸提醒道。

一家人一路低头，手脚并用，终于越过了这个险坡。

可是越接近山顶，溪水就越小，山顶上似乎没有湖泊。妹妹有点失望。溪水渐渐变成了涓涓细流，从草间悄然流出，周围变得更加安静。

又爬了一段路，他们到达了山顶，溪水也消失了。看着脚下的群山，大家一阵兴奋。哥哥高兴地尖叫着，听着远处传来的回声，妹妹却有点失落。

兴奋过后，大家才感觉有些累了，坐在山顶的大石头上休息。

"爸爸，刚才的溪水去哪儿了？"妹妹有些疑惑，问爸爸。

爸爸拿出水瓶喝了一口水，又帮妹妹从背包里拿出水杯，四下里看了看，说："是啊，走着走着就不见了。也许，它隐没在地下了吧。"

妹妹喝了一口水，突然招呼大家："快看！山谷里升起了一朵白云。"

大家循声望去，在群山的深处，一股水汽悠然自在地从一片翠绿中缓缓升起来。它轻柔地包裹了高耸的林木，又怡然放开，继续升腾。很久，它才与群山作别，飘然而去。

大家凝望着眼前的美景，感到心旷神怡。哥哥转过头来对妈妈说："这么美的景色，应该配上一首诗才好。"

"让我想想。"妈妈思忖了一下，缓缓地说，"有一句王维的诗挺应景的：'行至水穷处，坐看云起时。'*"

妹妹问这句诗是什么意思，妈妈解释说："当我们溯溪登山时，水流越来越小，终于不见了踪迹。正当我们感到有点遗憾时，却无意中发现山谷中的白云升了起来。"

听了妈妈的话，爸爸突然想起了什么，他指着白云对妹妹说："这就是你要找的水呀。"

妹妹困惑地眨眨眼，看着爸爸，听他继续说。

------

* 出自唐朝王维的诗作《终南别业》。

"这水汽不就是水吗？"爸爸指着远处白云升起的山峰，"你看，在溪水消失的地方，一种更加轻盈的水，克服了地球的引力，飞升到天空。所以，当我们追寻一些东西却没有结果时，它们其实并没有真正消失，只是换了一种形式而已。它们依然与我们在一起，我们没必要为此感到太难过。"

"这些白云会飞到哪里去呢？"妹妹问。

妈妈转过身来对妹妹说："将来，这些云朵还会再落下来，变成水，重新回归大地的怀抱。"

哥哥躺在石头上，望着天上悠然飘过的云，问道："有没有什么东西飞到天上就不会再落回大地呢？"

"我知道，火箭能飞出去。"妹妹说。

"你说得对。"爸爸笑道，"不过你们知道吗，还有一种东西，比火箭更轻盈，飞得更快、更高。"

"那会是什么呢？"哥哥问。

"它就是无线电波。你们知道无线电波飞得多快吗？和光一样快！"爸爸说。

"什么东西能发出无线电波呢？"哥哥问。

"还记得我那块石英表里的电感吗？"爸爸说，"再加上一个电容和几个元件就可以了。"

"就是那个红色的线圈吗？"哥哥想了起来，"那为什么电感和电容能发出无线电波呢？"

"这和我们刚才看到的溪水和水汽是一个道理。"爸爸说，"溪水升腾变成水汽，水汽遇冷落到地面又变为溪水，总之都是水的形态在变化。"

"那电荷又是怎么运动的呢？"妹妹问。

"你可以把电荷想象成水分子，然后把电容想象成一个存储水的湖泊，把电感里的磁场想象成天空中的云朵。就像水分子可以在湖泊和云朵之间循环一样，电荷也可以在电容和电感之间循环。"爸爸说，"只不过，电荷的循环速度很快，每秒可达几百万次到几十亿次。"

"是吗，有这么快！"妹妹惊呼。

"而且它的循环速度非常稳定。我们可以用它做成精度达到几十亿秒分之一的时钟。"爸爸说。

天色渐晚，太阳落山了。一家人不准备回营地做晚饭了，他们带了干粮，因为夜色降临后从山顶可以欣赏远处海边的灯塔。

水的循环与电荷的循环

水在湖泊和云团里周期性地循环变化。湖水蒸发为水汽变成云朵，云朵里的水汽遇冷变为雨滴落到湖里，如此循环不已。

如果把水滴换成电荷，湖水换成电容，云朵换成电感，那么蒸发和降雨就是电荷的流动与循环。湖水的蒸发对应于电荷从电容转移到电感，而云里的水滴降落到湖中对应于电荷从电感转移到电容。电荷在电容和电感之间形成不间断的循环，就能产生周期性变化的电压和电流，以及周期性的高频时钟信号，继而发射出无线电信号。水汽和电荷的周期性变化分为四个阶段，可以对应于苏轼的《饮湖上初晴后雨二首》（其二）中的四句："水光潋滟晴方好，山色空蒙雨亦奇。欲把西湖比西子，淡妆浓抹总相宜。"

假设一开始所有能量都以电荷形式存储在电容里（图a），电荷逐渐从电容逸出，就像水从湖泊里蒸发为水汽，变成云朵。接下来，湖里的水越来越少，云朵越来越大（图b），一半的水存储在湖泊中，另一半水以水汽的方式存储在云朵里。正如同一半能量以电荷形式存储在电容里，而另一半能量以电磁场的方式存储在电感中。之后，当绝大部分电荷都

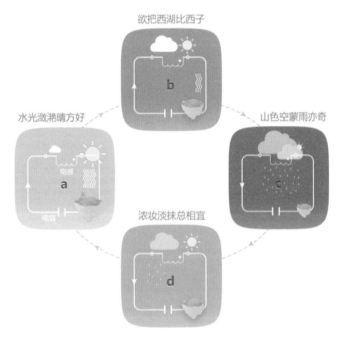

欲把西湖比西子

山色空蒙雨亦奇

水光潋滟晴方好

浓妆淡抹总相宜

▲湖水和云团的周期变化，就如同电容和电感中电荷的周期变化

逸出后，电容里几乎没有电荷了，相当于湖泊几乎蒸发干了（图 c），这时电感上的电流达到最大，好比天上的云量达到最多，降雨开始。接下来，雨水降落到湖泊中，水位回升，云朵变小（图 d），这对应着电感上的能量以电流的形式回到电容。最后，几乎所有云朵里的水汽都化为雨水降落到湖里，湖水达到最高位（图 a），对应于所有的能量都集中到了电容里。到此，一个循环结束，湖水重新开始蒸发，电容上的电荷重新开始逸出，下一个循环又开始了。

6.6

夜空中的灯塔与时钟：
脉冲星

天色渐渐暗下来，深蓝色的天空中陆续冒出一颗颗星星。

哥哥拿出双筒望远镜朝灯塔的方向望去，耐心地等待着。过了一会儿，突然一道闪光掠过，夜色中出现了一束光芒，哥哥叫了起来："灯塔发光了！"

妹妹也要看，哥哥摘下望远镜戴到妹妹脖子上。妹妹从望远镜里看到一束光芒射过来又消失了，几秒后再次出现，一闪一闪，时明时暗。

"那座灯塔离我们很远吗？"妹妹问。

"嗯，从地图上看，应该挺远的。"爸爸说。

"为什么那么远的光能传到我们这里来？"妹妹继续问。

"因为灯塔里有一组透镜，可以把光线汇聚起来，然后朝着一个方向射出。它像探照灯一样来回扫过，给海上的航船指示方位。"爸爸说。

"如果这束光射到天上，会不会被外星人发现，暴露我们地球的位置？"哥哥问。

"那倒没有那么严重，灯塔的光束射不了那么远。不过天上其实也有灯塔，一开始人们还以为那是外星人发出的信号呢。"

"是吗，外星人真的会发信号给地球吗？他们从哪里给我们发信号呢？"妹妹提出了一连串的问题。

爸爸抬头看了看天空，头顶的星空非常明净。爸爸指着一条银色玉带说："还记得吗，这条是银河。银河的两侧有两颗最亮的星星，其中一颗亮星的两边有两颗稍微暗一点儿的星星，那就是牛郎星和他扁担上挑的两个孩子。"

两个孩子顺着爸爸的手指望去，发现了牛郎星。

"把牛郎星的这两个孩子连起来，指向的银河另一侧的亮星就是织女星。"爸爸接着说。

"我看到了。"妹妹兴奋地说。

"在牛郎星和织女星的连线上作一条垂直的线，"爸爸用两手交叉比画了一下，"沿着这条线，在银河中央比较暗的地方会发现另外一颗亮星，就是天鹅座的天津四。你们看到了吗？"

哥哥和妹妹观察了一会儿，最终也找到了。

"把这三颗星连起来，就是著名的'夏季大三角'。"爸爸说，"而'外星人向地球发射的信号'就来自这个大三角的中心地带，确切地说是一个小星座，叫狐狸座。"

"那里发出了什么信号？"哥哥问。

"我们看不到这种信号，即使用最先进的光学望远镜也看不到，因为它发出的不是像灯塔那样的光束，而是电信号，用特殊的射电望远镜才能观测到。"爸爸说。

"是谁发现的呢？"

"1967年，一位英国女研究生约瑟琳·贝尔发现，那里的星星会发出一种非常有规律的脉冲信号，每隔 1.3 秒就有一个像心电图那样的尖峰信号，而且在随后的几天、几个月里，只要对准那片星空，就能持续不断地收到同样的信号。"爸爸说。

"真是奇怪啊。"妈妈也过来说。

"是啊，所以科学家给这个信号起了个名字叫'小绿人'，因为当时人们认为外星人是绿色的小人。"爸爸说。

"那究竟是不是外星人向地球发出的信号呢？"哥哥问。

"约瑟琳·贝尔也很好奇。她正准备利用圣诞节假期去男友家订婚，就在订婚头一天晚上，她来到实验室，对另外一片星空进行观测，没想到在那片星空也发现了很有规律的脉冲信号，它们被记录在长长的观测数据纸带上。这个新发现说明这个小小的脉冲信号不可能来自外星人，因为相距如此遥远的两颗星星不可能约好同时向地球发射信号。"

"如果不是外星人，那会是什么呢？"

"只能是一种从未被发现的新的星体。"爸爸说，"这种星体如此之小，直径只有 10—20 千米，质量却有太阳那么大，换句话说，它非常紧密。一块指甲盖那么大小的物质就相当于地球上一座小山的质量。"

"哇！"哥哥和妹妹同时叫道。

"它叫脉冲星，就是夜空中的灯塔。"爸爸说。

"为什么脉冲星能发出这么强大的脉冲信号？"哥哥问。

"因为脉冲星结构极为紧密，所以它的磁场强度非常高。它会从两个磁极发射出两束高能带电粒子，随着自身的转动，射向周边的星空。当它扫过地球时，就在射电望远镜里留下了一个尖尖的脉冲，就像我们看到的灯塔的闪光。"

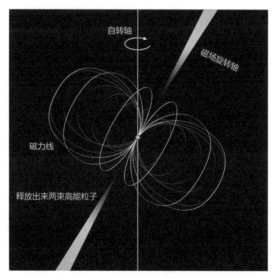

▲脉冲星南北磁极释放的带电粒子扫过天空

哥哥和妹妹又看了一眼远处的灯塔，它每隔几秒就扫过一次。

"脉冲星也像灯塔扫得那么快吗？"哥哥问。

"转得慢一点儿的脉冲星大约几十秒钟扫一圈，快的一秒钟会扫过几十到几百圈。"爸爸说。

"为什么它转得那么快？"妹妹问。

"因为它很小。脉冲星是衰老的恒星，当它耗尽了燃料，就会收缩得越来越小，从太阳那么大，收缩成一个县城那么大。在收缩变小的过程中，它会一直自转。太阳自转一周大约要 25 天，但如果收缩到直径 10 公里左右，就会转得飞快了。"爸爸说。

"为什么星星收缩后就会越转越快呢？"妈妈问。

"你们看过花样滑冰吧？当运动员张开手臂旋转，然后把身体收成一团时，他会转得越来越快。脉冲星也是同样的道理。"爸爸说。

"哦，我明白了。那这个脉冲星能做什么呢？"哥哥问。

"它是宇宙中天然的高精度时钟。因为脉冲星的结构如此之紧密，转得如此之快，所以很有规律。那些快速转动的脉冲星时间精度极高，每一亿年的误差不到一秒，精度超过了所有的机械钟和石英钟。"

哥哥和妹妹露出惊讶的眼神。

▲蟹状星云是 1054 年超新星爆发后的残留，在其中心能看到脉冲星发出的高速辐射粒子流

天色越来越黑了，一家人收拾好垃圾，下山回营地。

下山后他们路过一个池塘，哥哥捡起一块石子丢了进去，发出清脆的声音，一圈圈涟漪在水面散开。妹妹也想丢一下。

"嘘——"妈妈拦住了她，"不要吵醒池塘里睡觉的鱼儿。"

"为什么？"妹妹问。

"对于鱼儿来说，池塘就是它们的宇宙。石子掀起的涟漪，会让鱼儿觉得宇宙里发生了天翻地覆的大事。"妈妈说。

"那我们生活在一个什么样的宇宙里呢？"哥哥问。

"我们生活在一个更大的池塘里而已。"爸爸说，"这个池塘也会有涟漪，一个更大的涟漪。"

"那一定需要一块很重的石头，才能掀起这么大的涟漪吧？"哥哥问。

▲两颗中子星围绕彼此旋转，融合成黑洞，释放引力波［资料来源于NASA］

"嗯，确切地说是两块石头。还记得吗，我们以前说过，两颗离得很近的中子星，它们会围绕彼此旋转，最终融合成一个黑洞，掀起引力波，引起时空的形变，而后扩散到周围的宇宙。就像池塘里的波浪会掀动纸船，宇宙的涟漪我们也能检测到。"

　　"怎么才能检测到？"哥哥问。

　　"其中一个方法就是测量脉冲星发出的高精度时钟信号。这个非常有规律的时钟信号受到引力波引起的时空形变影响，因而有了轻微的抖动。宇宙涟漪的波峰和波谷引起的抖动是不一样的，通过测量众多脉冲星的信号，我们就可以估算出引力波的形状和大小。"

　　一家人又继续往前走了一段路，终于回到了营地。

脉冲星

恒星到了晚午，在自身引力作用下向内坍塌，会被压缩成非常致密的中子星。中子星的大小只有半径10—20千米，相当于北京市四环内的区域，但质量有1—3个太阳那么大，约等于把33万—100万个地球压缩成北京市区那么大。

如此高的密度加上如此小的体积，产生了两个后果：

一、中子星的南北极磁力线非常密集，可以把粒子加速到接近光的速度，产生极强的光束或高能X射线，辐射到太空，像巨型探照灯一样旋转着扫过天空。当它们扫过地球时，我们就能探测到它闪烁的脉冲，所以它又叫脉冲星。

二、脉冲星旋转速度极快，旋转一周最短只需1—2毫秒，也就是一秒钟转几百圈，最长也不过几十秒转一圈。高速脉冲星旋转的频率非常稳定，可以当成一台宇宙时钟。有一颗编号为J0437-4715的脉冲星旋转得非常稳定，大约18亿年才会有1秒的误差，堪比精准的原子钟。

单个脉冲星因为逐渐释放出粒子而丢失了一部分质量和能量，旋转速度逐渐变慢，1000万—1亿年后会渐渐停止转动，就像一只手表，如果没有上发条会逐渐停止走动。

另外一种脉冲星却可以稳定地旋转几十亿年，它们属于一种双星系统，即一颗脉冲星和一颗普通的恒星。大质量的脉冲星会吸引临近的恒星，并吸积一部分恒星上的物质，把它们转换为自身旋转所需的能量，就好像一只无形的手在给时钟上发条，从而大大延长其旋转的时间。

▲脉冲双星：右侧的脉冲星吸引了左侧的恒星，并吸积了恒星的部分物质［资料来源于 NASA］

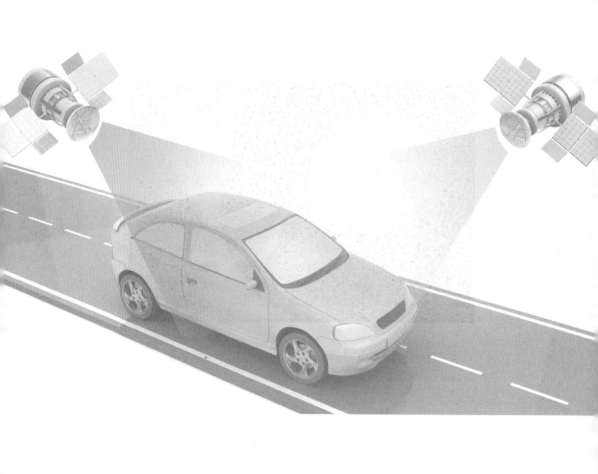

卫星导航：时间决定距离

周日的早上，天有点阴。这两天骑车、爬山，大家有点累了，很晚才起来。

起来后，没什么专门的活动，一家人难得发一会儿呆。大自然最直接的时钟——太阳，也无精打采地隐在云后，化作一抹灰白，不再提醒人们现在的时刻。

吃过早餐，妹妹玩沙子，哥哥去河边蹚水，爸爸逐一清点物品，妈妈捧着一杯热茶靠在椅背上，凝望着远处高低起伏的水墨群山。

然后，大家开始整理物品，装车。哥哥和妹妹坐上车，妹妹从后排站起来，伸手到前排中控台把音响打开。爸爸系上安全带，打开车载导航，过了一会儿，传来了"嘀"的一声。

"这是什么声音，爸爸？"妹妹好奇地问。

爸爸看了一眼屏幕："哦，应该是导航系统找到卫星了。今天天上有云，我刚才还担心能不能顺利接收到卫星信号呢。"屏幕上显示出几颗卫星在天空中的位置。

"为什么要找卫星？"妹妹问。

"因为卫星能告诉我们所在的位置，并显示在车载地图上，这样我们就不会迷路了。"爸爸说。

哥哥也凑过来看导航地图："我们在地图上什么位置？"

爸爸把地图上的一个蓝色的圆点指给哥哥看。"地球上这么多汽车，卫星要把每台车的位置找出来然后发送给它们，一定非常忙碌吧？"哥哥问。

"哦，这个问题挺有趣的。"爸爸说，"实际上，卫星并不是为我们一对一服务的，它也没有直接告诉我们车辆所在的位置，只是告诉了我们一些时间信息。是车载软件据此计算出我们的位置，并显示出来。"

"咦，卫星只需要告诉我们一些时间信息就够了？"哥哥问。

"对。卫星对所有的车载导航系统都发送同样的时间信息，这个信息也就是卫星的当前发送时刻，这个信息对所有人都是一样的。位于地球不同地方的导航系统接收到这个信息时，会记录下自己的接收时刻，当然了，它们各不相同。"爸爸说。

"有了这些时间信息后，怎么能确定各自的位置呢？"哥哥问。

"用接收时刻减去发送时刻得到的时间差乘以光速，就是汽车到卫星的距离。"爸爸说。

"可是，只有这一个距离就够了吗？"哥哥问。

"当然不够，因为空间是三维的，所以我们需要知道三个距离，才能算出我们在三维空间的位置。"

"这样说来，至少需要 3 颗卫星？"哥哥问。

"实际上，还需要第四颗卫星来帮我们纠正时间偏差。"爸爸说。

"那我们现在找到了几颗卫星？"妹妹问。

"一共 7 颗，"爸爸看了一眼屏幕说，"这已经远远超过了实际需要的卫星个数。"

爸爸输入了家的地址，导航仪上显示出一条最近的路线。爸爸发动汽车，上路了。

"爸爸，卫星在高高的天上，离我们多远？"妹妹问。

"至少有2万公里。"爸爸说。

"它从那么远的地方发信号过来，要是出了一点点差错，我们的位置就差了很远吧？"哥哥问。

"对，你们可以算算会差多远。你们记得光速是多少吗？"

"每秒30万千米。"哥哥说。

"对，也就是说，如果时间上有30万分之一秒的误差，距离就会差1千米。如果要保证距离误差在1米以内，那就要求每3亿秒才能有1秒的误差。"

"啊！这么高精度的时钟是怎么做出来的？"

"这里用到的既不是机械钟也不是石英钟，而是一种特殊的时钟——原子钟。"爸爸说。

"原子钟？是靠原子本身的振动吗？"哥哥问。

"不，是靠一种铯原子最外层的电子的变化。虽然它看起来和机械钟、石英钟很不同，但最基本的原理是类似的。"

"为什么这么说呢？"

"你还记得吗，我们推一下钟摆，它就会摆到高处。同样地，在原子钟里，原子最外层的电子状态也不太稳定，当受到能量激发时就会活跃起来，飞跃到更高状态。但是这种状态不会持续太久，因为能量一旦耗尽它就又会回到原来状态，就像钟摆回到较低的位置。电子在这两种状态之间来回切换，就可以让原子钟一直走下去。"

"原子钟为什么那么准呢？"妹妹问。

"因为电子跳跃得很快，而且在一个微小的原子里，几乎不会受到外界的干扰。世界上最先进的原子钟达到了几十亿年误差 1 秒的精度。"爸爸说。

正在他们说话的时候，导航仪发出了"嘀——"的一声警报。

"糟糕，"爸爸说，"光顾说话了，我们错过了一个上高速的路口。"

妈妈转过头来看着导航，屏幕上立刻又指出了另外一条乡路，需要行驶一段后从下一个路口上高速。

"大家准备好，我们要来个全身按摩了！"爸爸说着，把车驶入了一条坑坑洼洼的小路。哥哥和妹妹抓好扶手，随着车子来回颠簸，妹妹的辫子又一次左右摇晃起来。

用时间来确定位置的方法

船只在茫茫大海中精确测定自己的位置非常重要。纬度可以用太阳或星星高度来测定，经度则无法用这种方法测量。

16 世纪，弗莱芒物理学家杰玛·弗里希斯提出了一种用时钟测量经度的方法。地球 24 小时自转一周，刚好是 360°，所以每小时对应经度的 15°。他提出：出港的船只携带一台钟，在海上记录出发港的时间。海上的船只通过太阳或星星高度推算出海上的本地时间。只需比较海上的当地时间和出发港的时间，就可以计算出二者的经度差。但这个方法要求时钟非常精准。

后来，英国人约翰·哈里森设计出一台代号为 H4 的钟表，在 81 天的航程中仅有 5 秒钟的误差，换算的经度误差远小于 0.5°。为了抵消温度变化对时钟精度的影响，他利用不同温度膨胀系数*的铁和铜相互交叉做成栅格，这个方法大获成功。

现在的卫星导航仍然用计时的方法来确定位置，只是时间的测量精度变得很高。目前的卫星导航精度最高可以达到 1 米以内。

---

* 当材料的表面温度增加时，测量到的每度温度材料膨胀百万分率。

本章深入阅读书单

关于漏刻以及水运仪象台的原理，请参考[1]。

关于单摆、机械钟、石英钟以及原子钟的工作原理，请参考[1] [2]。

关于高频时钟的原理，请参考[1]。

关于居里兄弟发现压电效应的过程，请参考[3]。

关于脉冲星的发现，请参考[4]。

[1] 《时间之问》，汪波，清华大学出版社，2019

[2] 《伽利略的钟摆——从时间的节律到物质的制造》，[美]杰·G. 牛顿 / 路本福、苗蕾 译，外语教学与研究出版社，2007

[3] 《居里传》，[法]玛丽·居里 / 周荃 译，江西教育出版社，1999

[4] 《关于时间：大爆炸暮光中的宇宙学和文化》，[美]亚当·弗兰克 / 谢懿 译，科学出版社，2014

第七章

生 命

夜来香：感知夜晚的来临

周五晚上，一家人又开车来到了营地。这是他们假期的最后一次全家露营，因为暑假即将结束，爸爸将又一次出差远行。

刚下车，一股浓郁的花香扑面而来。妈妈跟随香味走过一片草坪，来到了树林边的一株灌木前。她仔细辨认了一下，确定香味就来自这株矮树。翠绿的枝叶，上面密密麻麻垂吊着一簇簇黄绿色的小花。张开的五个花瓣呈五角星形，浓郁的香味正从其间源源散出。花瓣下葱白色的花柄像高脚杯的支脚，高挑而优雅。

"这是什么花呀，这么香！"妹妹凑过来问道。

"有点像茶花的味道。"哥哥说。

"应该是夜来香。"妈妈笑道。

"它是到了夜里才散发香味吗？"妹妹问。

"对，傍晚以后，夜来香就开始绽放，提醒我们夜幕降临了。"妈妈说。

这时，爸爸喊妈妈过去帮忙搭帐篷，妹妹继续观赏夜来香。她轻轻摘下一朵五角形的黄绿小花，放到鼻子前闻了闻，又仔细打量着它的样子。

过了一会儿，帐篷搭好了。露营灯一亮，不少蚊虫被吸引过来，围着灯光飞舞。妹妹拿着夜来香的花朵回到帐篷里，给哥哥看。哥哥闻了闻，表示不太喜欢。

"有一首歌叫《夜来香》，你们听过吗？"妈妈问。

妹妹和哥哥摇摇头。

妈妈随口哼唱了几句：

那南风吹来清凉

那夜莺啼声细唱

月下的花儿都入梦

只有那夜来香

吐露着芬芳

"夜来香为什么偏偏要在晚上开放呢？"妹妹问。

"这样夜色才更有情调呀。"妈妈说，"头上有明月照耀，耳边有夜莺歌唱，再加上夜来香幽幽的香气，真是完美之夜。我记得有一首关于夜来香的诗：'作穗青鹰爪，含苞白凤胎。丝丝垂鬓袅，夜夜呢人来。'*"

"可是，别的花儿晚上都做梦去了，为什么夜来香不去睡觉呢？"妹妹问。

"肯定有它的道理，"爸爸说，"让我想一想。"

"那是因为什么呢？"哥哥也凑过来问。

"哦，我想起来了。花儿开放、散发香气是为了吸引昆虫来采蜜和授粉。在热带和亚热带，白天气温高，昆虫不愿出来，如果花儿

---

* 选自《陶园诗文集》，岳麓书社，（清）张九钺著。

白天开放、晚上闭合，就没法进行授粉。所以一部分花儿就选择在温度较低的夜间开放。"爸爸说。

"花儿真聪明。"妹妹说，"不过，花儿又没有眼睛，它们怎么知道到晚上了呢？"

"也许是夜来香能够感知光线的变化？"哥哥猜道。

"这是个不错的想法。不过，科学家把夜来香放进一个 24 小时都有人工照明的房间里，发现到了夜间它依旧会开放，这说明光线并不是影响夜来香开花的因素。"爸爸说。

"哦，这就奇怪了。"哥哥说，"也许夜来香知道钟点？"

"可是它并没有手表呀！"妹妹说。

"虽然夜来香没有戴手表，但它体内确实有一个看不见的时钟，能够告诉它当前的时间，我们把这个看不见的时钟叫作'生物钟'。生物钟不仅植物有，动物也有，它能调节我们一天之内的体温、内分泌，以及血压等等。"爸爸说。

"哦，为什么动物和植物会有这样一个生物钟？"哥哥问。

"你们读过《小王子》吗？"爸爸问。兄妹俩点了点头。

"小王子在他的星球上，每隔半个多小时就能看到一次日落，那

▲小王子的星球上每隔半个多小时就有一次日落

是因为他的星球转得很快。"爸爸说。

"这和生物钟有什么关系？"哥哥问。

"当小王子来到地球时，他发现地球转得没那么快，但是地球上有一支壮观的点灯大军。每晚，先是东亚的点灯大军开始工作，点亮街上的煤油灯，然后是西亚、欧洲，最后是美洲。到了黎明，也是按这样的顺序熄灯。地球上的点灯人就这样 24 小时不断地进行点灯接力。"

"这么说，地球本身就像一台巨大的时钟？"哥哥说。

"对，地球的自转不仅决定了日升日落，而且决定了一天当中何时温度最高、何时日照最强。所以，植物要在有日照的时候进行光合作用，日行动物则在夜间睡眠时调低自己的体温来适应昼夜变化。日头的高低是外部时间，而生物为了适应外部时间，发展出一套内部的时间系统。"爸爸说。

"既然有了太阳这样的天然时钟，为什么动植物还另搞一套生物钟呢？"哥哥问。

"这是个好问题。"爸爸说，"有自己的时钟，不仅是为了知道现在的时刻，更重要的是，它能够预测未来要发生的事情，提前做好准备。这才是生物最大的智慧。"

"能举个例子吗？"哥哥问。

"比如，我们在睡眠时，心跳呼吸都会变慢，体温也下降到最低。到了清晨四五点，虽然人仍在睡梦中，大脑仍在休眠状态，生物钟却发挥着作用，悄悄调节我们的体温，让它逐渐升高。这样，在我们起床开始一天的活动时，身体已经准备好了。"

妹妹这时觉得困了，打了一个哈欠。

"你看，你的生物钟提醒你该睡觉了。"妈妈说。

"为什么到了晚上，人就这么困呢？"妹妹问。

"那是因为晚上九点后大脑开始分泌一种物质，通知身体各器官，夜晚降临，准备休息了。这种物质叫褪黑素，是从大脑深处一个叫松果体的部位分泌出来的。"妈妈说。

妹妹揉揉眼睛，妈妈陪她回到帐篷，妹妹很快就睡着了。

哥哥还不困，又继续玩了一段时间，到了深夜才睡下。

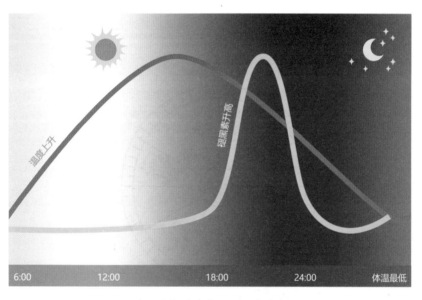

温度上升

褪黑素升高

6:00　　　12:00　　　18:00　　　24:00　　体温最低

▲体温和褪黑素在一天之内的变化

美丽的生物钟——花钟

瑞典植物学家林奈观察到一些花儿在特定的时间开放，于是他建议把金盏花、蒲公英、金丝桃、苦苣菜等植物栽种在一个圆环上，这样的话，看一眼这个花坛里哪种花儿正在开放，就知道当前的时刻了。这就是著名的"花钟"的来历。

人体生物钟

夜间，人的体温会降到最低，肾脏功能也相应减弱，分娩却多发生在此时。心脏病猝死多发生在清晨。上午时分，人的注意力变得越来越集中。

对于经常值夜班的人来说，昼伏夜出的作息时刻表会造成生物钟的紊乱，影响他们的血压水平、睡眠质量以及激素变化。

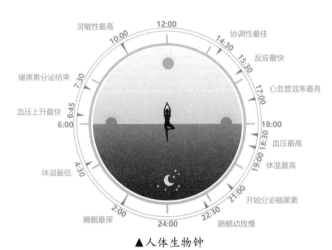

▲ 人体生物钟

时差问题

科学家发现，人们向西旅行产生的时差问题综合征比向东旅行要轻一些，因为延迟人体生物钟比提前生物钟更容易。一般人向西旅行后，适应新时区所需要的天数约等于跨越时区数的一半，例如跨越了 6 个时区，需要 3 天适应。而向东旅行的人，适应新时区所需的天数约等于跨越时区数的 2/3，即跨越了 6 个时区，需要 4 天才能适应。如果出发前两天把作息时间根据目的地时区调整 1—2 小时，可以减轻时差对身体的影响。

岩洞中的含羞草：
生物体内的嘀嗒声

周六一早，妹妹就睁开了眼睛。平时上幼儿园，她总是赖到最后一刻才起床，可是今天爸爸妈妈想多睡一会儿，她却早早起来了。她推一推哥哥，哥哥转了个身继续睡；她又叫爸爸和妈妈，妈妈应了一声，看了看表，又躺下了。

妹妹一个人起来后格外精神，她戴上墨镜，头上别着闪闪发光的公主发夹，手里高高举着自制的魔法棒，站在帐篷里念念有词："谁不起床就把谁变成毛毛虫！"爸爸妈妈终于忍受不了，爬了起来。

大家起来洗漱，只有哥哥继续赖在睡袋里，捂着头睡觉。

"哥哥这个大懒虫。"妹妹撇了撇嘴。

"我不是懒虫，只是想多睡一会儿而已。"哥哥在睡袋里辩解说，"大周末的，你怎么起得这么早？"

"周末多短呀，早点起来就可以多玩一会儿！"妹妹说。

"你们俩，一个夜猫子，一个百灵鸟。"妈妈说。

"不过这也正常，每个人都有自己习惯的作息时间，因为每个人的生物钟都不同。"爸爸说。

妹妹吃完早餐，问爸爸："对了，今天我们去哪儿玩？"

"附近有个岩洞，我们去那里探险。"爸爸说。

哥哥听说去探险，一下子从睡袋里钻了出来。

饭后，他们收拾装备，带了头灯和绳索，朝岩洞走去。一路上，哥哥和妹妹轮流问爸爸，岩洞长什么样，里面会不会有吸血蝙蝠。

终于到了岩洞口，他们卸下背包，妈妈和妹妹在洞口等着，哥哥和爸爸准备先下去。就在这时，哥哥发现脚边一株草的叶子突然收缩起来，再碰一株同样的草，它的叶子也立刻收缩起来。

"这是什么草，怎么会动？"哥哥蹲下来问，大家都围拢过来。

妈妈看了一眼说："这就是含羞草。你一碰它，它害羞了，就把叶子合起来。过一会儿，没人动它了，它又会重新张开。"

"是吗？这么有意思。"妹妹盯着含羞草，过了几分钟，叶子果然又重新张开了。

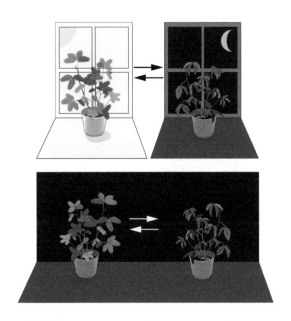

▲含羞草的叶子白天张开晚上垂下，即使在全黑的环境里也是如此，仿佛知道时间的流逝

　　"含羞草里有感知神经。当它感受到动物的扰动时，就会把叶子收起来，这样它被吃掉的概率就大大降低了。除此之外，含羞草的叶子到了晚上也会垂下来，到了白天又重新张开。"爸爸说。

　　"哦，白天张开，夜晚垂下，那不是和夜来香的花朵正好相反吗？"哥哥问。

　　"对，因为含羞草体内也有一个生物钟。"爸爸说。

　　"你怎么知道它有生物钟呢？"妹妹问。

　　"你忘记了吗，我们昨天晚上提到过。只要把它放在全黑的环境里，如果它还是照旧白天张开、晚上垂下，那就说明含羞草的张开和垂下与光线无关，而是受体内的生物钟控制。"爸爸说。

　　"爸爸，"哥哥瞅了瞅下面的岩洞说，"岩洞里不论什么时候都是黑暗的，不如我们把含羞草挪到下面去试一试？"

　　"这是个好主意。"爸爸说着，和哥哥一起把含羞草挖出来，连着根部的土，放进一个布袋子里。

　　爸爸和哥哥带着含羞草先进入岩洞。他们一点一点地往下挪，头顶的光线越来越暗。走到底后，他们打开手电继续向里走，逐渐适应了岩洞内部的昏暗。再拐了个弯，他们走到里面完全见不到光的地方了，就把含羞草重新栽在土里。洞里很清凉，也很安静，爸爸和哥哥环顾四周，打量了一番周围的环境，然后爬了出来。

妈妈和妹妹在外面等着。哥哥和爸爸出来后，告诉她们里面很安全，于是一家人全都进去了。在黑暗中，他们看到含羞草的叶子依旧是张开的。

"爸爸，我有个问题。"哥哥说，"虽然把含羞草放进全黑的岩洞里，排除了光线的影响，可是说不定还有其他因素影响了含羞草周期性地张开和垂下，比如温度。"

"嗯，你说得有道理。不过科学家们找到了办法来确定含羞草张开和垂下确实是靠自身的生物钟，而不是外部的因素控制的，秘密就是含羞草张开和垂下的时间周期。"爸爸说。

"这是什么意思？"哥哥问。

"如果我们长期观察含羞草，并记录下它每天张开的时间，我们会发现，两次张开的时间并不是相差 24 小时，而是比 24 小时多一点儿。"

"这是为什么？"

"如果含羞草是靠任何外部因素来决定其打开和垂下的，那么它的时间周期应该是 24 小时，也就是地球自转引起的温度、光线、宇宙射线等的周期变化时间。但是处于全黑环境里的含羞草，张开和垂下的周期并不是恰好 24 小时，这说明含羞草不是依靠这些外部因素来调节的，而是靠其内部的时钟。"爸爸说。

"哦，这个办法挺聪明的。"

"那其他植物和动物呢？它们的生物钟周期也不是刚好 24 小时是吗？"

"对，例如人的生物钟也不是 24 小时，大部分人的生物钟比 24 小时多一点儿。"

"不过这样一来就有个严重的问题，"哥哥说，"如果生物钟不是 24 小时，过不了多久，生物钟就和太阳这个天然的时钟差得越来越远了。"

"嗯，我正想跟你提这一点呢。生物钟和普通钟表不同的是，它可以自我调节，最终会与地球自转的 24 小时周期同步。"

"是吗，这么神奇！那生物钟是怎么调节自己的？"

"走吧，我们上去说。"爸爸对哥哥说。

一家人朝岩洞口走去。快到洞口时，一束阳光从高处照射下来，跟黑暗的岩洞形成了鲜明的反差。爸爸走到光柱下，指着上面说："秘密就是光线。"

"光线能调节生物钟？"

"是的。如果我们一直待在洞里不见天日，我们的生物钟将慢慢脱离昼夜的节律而变得紊乱。但阳光的变化节奏不会变，一昼夜始终是 24 小时。只要我们不是生活在黑暗中，能感知昼夜的明暗变化，我们的生物钟就可以调节到 24 小时的昼夜节律上，这样身体节律便不会紊乱。"

"没想到，这小小的生物钟有这么多不可思议的地方！"妈妈感叹道。

说话间，一家人爬出了岩洞，回到营地吃午饭。

生物钟节律

最常见的生物钟节律是昼夜节律，周期约等于一昼夜的长度。生物通过昼夜节律与地球自转保持一致。昼夜节律是生物固有的，不受环境温度、湿度、重力等控制。即使在国际空间站，宇航员的昼夜节律也与在地球表面时相同。

除了昼夜节律，还有其他类型的生物钟节律，比如潮汐节律。生活在海边的牡蛎，在潮水到来时张开壳，潮水退去时关闭壳。即使把牡蛎从海里捞出来，放到人工的水池里，隔绝日光与月光的影响，它们张开与关闭壳的时间仍与当地的潮水涨落时间一致。

昼夜节律与温度补偿

一般认为，温度每升高10℃，生物体内的化学反应速度就加快2倍，所以生物钟应该变快。但1953年，生物学家皮登卓伊发现，不管是在16℃还是26℃下，果蝇羽化的时间几乎不变，这说明生物钟能设法抵消温度变化的影响。2017年，日本的上田宏生等人对此给出了一种解释，他们认为，在生物体内存在两种随温度变化而呈相反趋势的化学反应，通过相互抵消，维持了生物钟在不同温度下的稳定。

这种机制与 17 世纪英国钟表匠约翰·哈里森发明的精准时钟是一个原理（参见 6.7 节）。当时哈里森想制造一种不受温度变化影响的钟表，他选用了两种随温度变化而膨胀程度不同的金属铜和铁，相互交叉构成栅格，以此抵消温度变化而引起的时钟误差现象。

7.3

蓝细菌：生物的智慧

中午天气酷热，大家找了个阴凉的地方午休，日头偏西了才出来活动。

妹妹见天色渐渐昏暗，想起猫捉老鼠的游戏，就拉着爸爸、妈妈和哥哥玩。妹妹自告奋勇当猫，妈妈当裁判，哥哥和爸爸当老鼠，他们立了一个瓶子在地上当油瓶。

游戏开始，妈妈喊天亮了，所有人都停住不动，妈妈接着喊天黑了，爸爸和哥哥火箭般冲向油瓶。妹妹冲出去捉爸爸，爸爸赶紧定住不动，但哥哥飞快地冲向油瓶，妹妹又去追哥哥，哥哥也不动了。妈妈喊天亮了，所有人都不许动。

妹妹一直守着哥哥，眼睛盯着爸爸。这时妈妈喊天黑了，爸爸冲向油瓶，妹妹去追爸爸，爸爸跑了一阵，快被妹妹捉到时停下了，哥哥又冲向油瓶，妹妹又大叫着冲向哥哥，把哥哥赶跑。几轮之后，妹妹终于捉到了爸爸，但哥哥抢到了油瓶。大家玩得很疯。

玩了一会儿，他们都累了，纷纷倒在草地上，一个个饥肠辘辘。

妈妈做好米饭，大家等不及菜烧好就直接吃起米饭来，个个都吃得很香。

妹妹对刚才的猫捉老鼠游戏意犹未尽，她边吃饭边问爸爸："老鼠为什么晚上才出来活动？"

"因为晚上不容易被捕食者发现，趁着夜色正好四处活动。"

"除了这个，还有什么好处？"

"还可以充分保存身体里的水分。在沙漠等干旱地区或者热带，白天出来活动会消耗掉身体里宝贵的水分，所以许多动物等到夜晚凉快了才出来。"

"我很难想象有些动物到了晚上精力充沛是什么感觉，我天一黑就很困了。"妹妹说。

"嗯，夜行动物的生物钟正好和日行动物相反。到了晚上，夜行动物的激素分泌会变得活跃起来。"

妹妹闻着空气中花的香味，想起了夜来香，于是问爸爸："还有哪些植物会在夜里活跃？"

"比如稻谷，到了晚上也没有闲着。如果没有生物钟，我们就吃不到有营养的大米了。"爸爸指着碗里的饭粒说。

妹妹和哥哥有点吃惊，但还是听爸爸继续讲："大米里除了淀粉，最主要的成分就是蛋白质。蛋白质的形成离不开氮元素，而氮元素主要来自空气中的氮气。稻谷中的蓝细菌能把氮转换成蛋白质，也就是大米里的营养成分。"

"这和生物钟有什么关系呢？"妹妹问。

"稻谷的生长离不开光合作用，在光照下，稻谷里的蓝细菌吸收二氧化碳，会排放出什么气体呢？"爸爸问。

"氧气。"哥哥说。

"对，问题就出在这里。光合作用产生的氧气会严重抑制固氮酶，妨碍蛋白质的生成。光合作用和固氮反应，一个让作物生长，另一个生成蛋白质，都是稻谷生长所必需的，但二者是一对矛盾，没法兼容。"爸爸说。

"那怎么办？"妹妹问。

"稻谷里的蓝细菌发展出一种新机制：既然光合作用和固氮反应没法在空间上分开，那只有把它们从时间上分开，白天光合，晚上固氮，一举两得。能在时间上把这两种矛盾的反应过程分开的，就是稻谷里蓝细菌的生物钟。"爸爸说。

"哦，小小的稻谷太有智慧了。"哥哥说。

说话间，米饭都被他们消灭光了。

"可是我还有个问题，"哥哥抹抹嘴，继续问，"为什么每一个生物体内都有一个生物钟，难道都有一个像稻谷这么必要的理由吗？"

"生物是多样性的。如果有些生物有生物钟，而另外一些没有，经过漫长时间的演化，有生物钟的最终就会具有更大的竞争和生存优势。"

"为什么这么说呢？"哥哥问。

"比如在远古时期，威胁生命的杀手是紫外线，强烈的紫外线让很多早期生命夭折。只有那些具有生物钟功能的生命才能躲过紫外线，更好地生存下来。"

"为什么那时紫外线那么强烈呢？"

"因为大气中没有臭氧层阻挡紫外线。臭氧是从哪里来的呢？氧

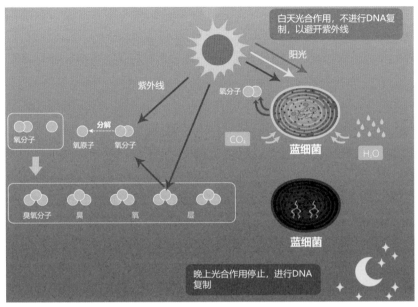

白天光合作用，不进行DNA复制，以避开紫外线

阳光

紫外线

氧分子

分解

氧分子 氧原子 氧分子

CO_2

蓝细菌

H_2O

臭氧分子 具 氧 层

蓝细菌

晚上光合作用停止，进行DNA复制

▲蓝细菌与氧气和臭氧的关系，以及蓝细菌生物钟的作用

气在紫外线的照射下，氧分子分解成氧原子，接着一个氧原子和一个氧分子结合，就形成了臭氧分子。但那时地球上氧气的含量非常低。"

"为什么那时氧气很少？"

"因为那时缺少植物通过光合作用产生氧气。经过几十亿年，地球上的氧气含量才逐渐提高，而这都离不开这种蓝细菌。"

"但是为什么紫外线没有杀死这种蓝细菌呢？"

"啊哈，你问到点子上了。"爸爸说，"强烈的紫外线会严重破坏生物的遗传物质复制。蓝细菌没有遮阳伞，而且既没有腿又没有翅膀，无法移动。如果蓝细菌在白天制造遗传物质，就会被紫外线严重破坏，而且蓝细菌并不会修复受损的遗传物质。"

"那蓝细菌怎么办？"

"既不能躲避，又不会修复，蓝细菌就选择了第三种策略：与其与紫外线对抗，不如适应它。天亮了，紫外线强烈，蓝细菌只进行光合作用，停止复制遗传物质。天黑之后，光合作用停止，蓝细菌开始复制遗传物质。于是，这种具有生物钟功能的细菌在进化中生存了下来。正是蓝细菌释放的氧气，才让地球上的氧气含量增加到现在的水平。"

"我还有个问题：即使蓝细菌没有生物钟，只要它能感知光线，那么仍然可以日出后进行光合作用，日落后复制遗传物质。"哥哥问。

"这样是可以，但如果有极个别的蓝细菌由于某种基因突变偶然地发展出生物钟，那么它们会更有竞争优势。因为蓝细菌进行光合作用是需要准备时间的，不是一日出就能立刻开始。如果有了生物钟，蓝细菌就可以估计好日出的时刻并提前准备好，这样一日出就可以立刻开始光合作用，这就比那些没有提前准备好的蓝细菌有了更大的竞争优势，从而在生物演化中更好地生存下来。"

"没想到小小的蓝细菌拥有这么多智慧。"哥哥叹道。

知识盒子

生物钟的起源与进化

现代复杂生物的生物钟是如何演化来的呢？

早在 35 亿年前，蓝细菌（蓝藻）就出现在了地球上。那时，大气中臭氧很少，紫外线辐射很强烈。科学家发现，正是因为蓝细菌体内存在生物钟，使它可以选择避开紫外线在夜间复制遗传物质，才在严苛的环境中生存下来。在生命演化的过程中，生物钟机制被一代代遗传下来。

生物钟一直是 24 小时左右吗？这取决于地球自转的速度。在 6.2 亿年前，地球上的一天更短，只有 21.9 小时，所以那时的生物钟应该更适应当时的昼夜长度。

生物钟与生命的适应性

如果有些生物的生物钟周期与昼夜的明暗周期相差很大，它们能生存下来吗？

有科学家用细菌做了实验，通过基因突变培育了一种昼夜节律为 22 小时的细菌，另外一种细菌的生物钟周期为 30 小时。把这两种细菌放在人工照明环境中，其中 11 小时明亮，另外 11 小时黑暗，循环一次共 22 小时。科学家发现，昼夜节律为 22 小时的细菌在竞争中获胜。反之，如果把人工照明的周期改成 15 小时明亮，15 小时黑暗，那么生物钟周期为 30 小时的细菌会生存得更好。这说明，生物钟的节律越接近环境的明暗周期，生物的生存机会越大。

狼与羊：生物数量的
变化与循环

　　晚饭后，一家人坐在帐篷里聊天。天色越来越黑，外面变得非常安静。大家谈论着第二天的安排，爸爸提议早上去山顶看日出，两个孩子都同意了。妈妈拿出手机，设定了闹钟。

　　"万一闹钟没响，可怎么办呢？"妹妹问。

　　爸爸觉得有道理，便也在他的手机里设置了一组闹钟。

　　"看来我们真的离不开钟表。"哥哥说。

"是啊，要是没有钟表，不仅早上起不来，连煮个鸡蛋都有可能煮过头。"妈妈说。

　　"对了，爸爸，"哥哥说，"动物和植物的生物钟到底是怎么回事呀？难道它们身体里也有一些钟摆和机械齿轮在驱动时钟？"

　　正在这时，外面突然传来一声吼叫，在寂静的夜空里显得很悠长。过了一会儿，又传来一声类似的吼叫。

　　"爸爸，那是什么叫声？会不会是狼？"妹妹问。

　　"应该不会的，这附近已经很多年没有狼了，狼在这一带已经绝迹了，很可惜。"爸爸说。

　　"为什么没有狼了还可惜？狼不是会吃掉小孩和羊吗！"妹妹问。

　　"狼在我们的印象里的确是一种凶恶的动物，但如果一个生态系统里没有了顶级的食肉动物，只剩下食草动物，也会是一场灾难。"爸爸说。

　　"为什么？大家都吃草不是挺好的吗？"妹妹不解地问。

　　"让我们重新看一下草原上狼和羊之间发生的事。"爸爸说完，从包里翻出一个可折叠的便携围棋盘，把它打开，抓起一把白子摆在上面。

"假如这个棋盘是一片草原，白子是草原上的羊。"

哥哥和妹妹点点头，继续听爸爸讲。

"如果草原上只有羊，情况会怎么样呢？它们啃食草皮、繁殖后代，由于没有天敌，数量越来越多。"爸爸说着，在棋盘上摆上更多的白子。

"而草场是有限的，数量众多的羊最终会吃光所有的草。没有了草，生态系统崩溃，所有的动物都活不下来。"爸爸说。

"哦，原来如此，看来草原上需要食肉动物来平衡。"哥哥说。

爸爸又在棋盘上摆上了一些黑子，代表狼："我们试试看，现在草原上出现了一些狼，狼少羊多。狼有丰富的食物，所以数量增加。由于一开始狼不多，所以羊的数量会继续增加一些，直到狼变得越来越多，羊才开始减少。"爸爸放入了更多的黑子，并拿掉一些白子。

"这样下去，狼越来越多，会不会把羊全部吃光呢？"妹妹有点担心地问。

"可这时，情况发生了反转。"爸爸说，"狼数量众多，食物却在减少，狼无法获得足够的食物，所以数量也开始减少。"爸爸拿掉了

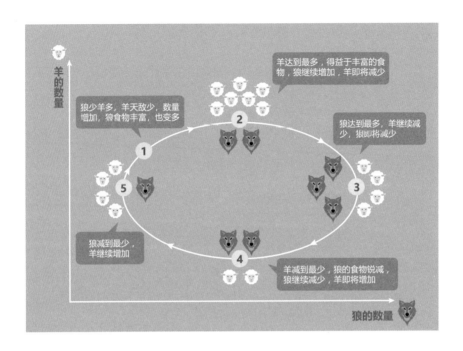

一些黑子。

"看来物极必反啊。"妈妈说。

"狼减少了，羊的天敌就变少了。狼减少到一定程度时，羊的数量又会开始回升。"爸爸继续摆下更多的白子。

"哦，是啊！然后呢？"哥哥说。

"羊的数量增多了，狼的食物变得丰富，狼群也会扩大，我们又回到最初，这样周而复始。"爸爸说。

"我一直以为在一个健康的生态系统中，狼和羊的数量是稳定不变的，原来也是不断波动的。"妈妈说。

"是的，在一个健康的生态系统里，狼和羊的数量会发生周期性的波动，就像一个钟摆，摆上又摆下。"爸爸说。

"这么说，狼和羊组成了生态系统的时钟？"哥哥问。

"对，在狼和羊的例子里，捕食者和被捕食者彼此相克又彼此依存。"爸爸指了指黑子和白子。

哥哥和妹妹凑过来，继续摆弄着棋盘上的棋子。

生态系统中种群数量的变化

在一个封闭的生态系统中，狼和羊的数量呈周期波动的趋势，仿佛狼的数量在跟随羊的数量波动，但不是完全同步地跟随，而是有一定的延迟。这样造成了周期性的循环。

在一个包含狼和羊以及草原的封闭生态系统中，如果任何一方的数量小于种群繁殖所需的最小数量，导致灭绝，那么另一方也将面临灭顶之灾。如果狼群消失，羊吃光所有的草，也会灭绝。反之，如果狼吃光所有的羊，自己也会因缺少食物而灭绝。这意味着循环的停止和消失。

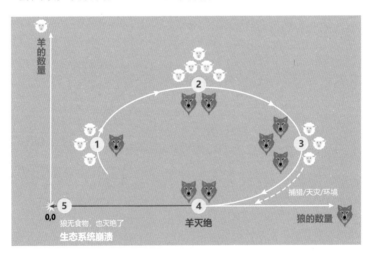

108

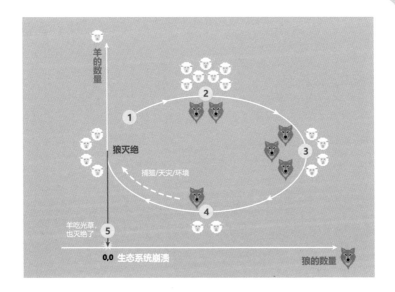

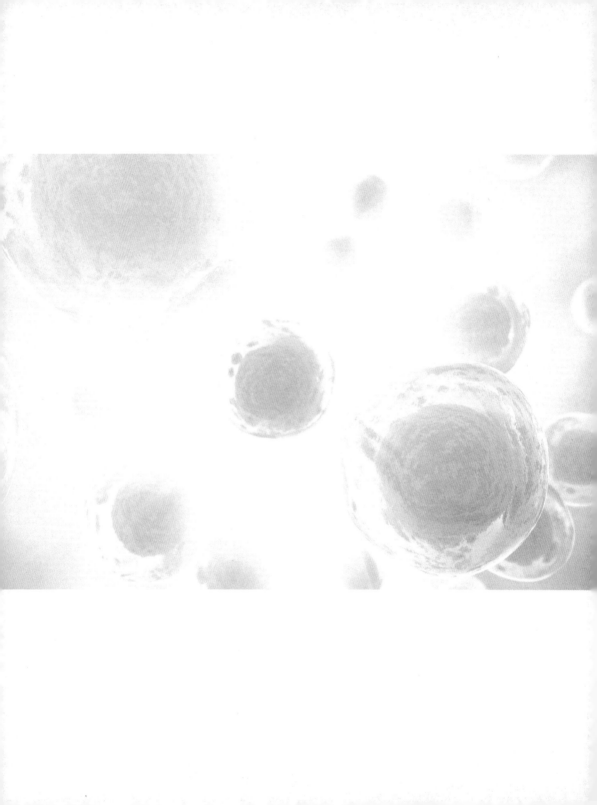

细胞：最小的生物钟

哥哥和妹妹摆弄了一会儿围棋子，突然，哥哥想起刚才问爸爸的问题还没问完："我们人体里的生物钟是什么样子的，它究竟位于哪里呢？"

"哦，是啊，我也差点忘记这个问题了。其实生物钟不在某一个具体的地方，而是与我们同在。"爸爸说。

"与我们同在？这是什么意思？"

"你知道细胞吧？人体每一个器官，无论是大脑还是内脏、肌肉、皮肤，都是由微小的细胞构成的。它们就像积木一样，是组成人体生命的最基本单位。奇妙的是，几乎在每个细胞里都有一个生物钟。所以我们无需刻意寻找生物钟，它们无处不在。"

"在这么小的细胞里都有生物钟？它是怎么工作的？"

"动物的细胞一般由三部分构成：表层的细胞膜、中间半透明的胶状物质——细胞质，以及位于最中心的细胞核。就像在草原上一样，细胞里也有自己的'羊群'和'狼群'，它们相互促进和抑制，这才产生了周期性的节律。只不过，在细胞里扮演羊群和狼群角色的分别是 DNA 和蛋白质。"

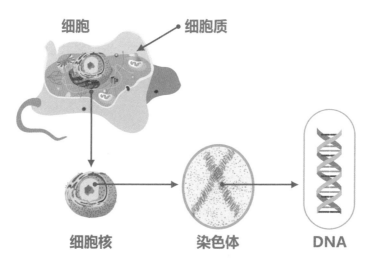

▲细胞示意图：DNA 位于细胞核内，而生产出来的蛋白质位于细胞质

"DNA 和蛋白质是什么，它们为什么会像羊群和狼群？"

"你不妨想象细胞就是一盒刚买的玩具，外面的纸盒子是细胞膜。拆开盒子，我们首先要找到说明书，才能组装玩具。这时我们发现一个信封，里面有一张组装图纸，那就是 DNA，上面写着组装所需的信息。我们把组装图纸拿出来，根据图纸组装玩具。细胞也是这么生成蛋白质的：细胞里的信使 RNA 把 DNA 信息复制到细胞核外，然后 DNA 信息指导小原子组装成大分子，也就是各种形状的蛋白质，有带状的，也有环形的。复制出来的 DNA 信息越多，生产出来的蛋白质才越多，就像草原上羊越多，狼的

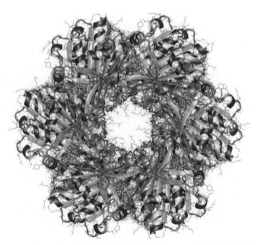

▲一种六边形的生物钟蛋白质 KaiC〔资料来源于 https://commons.wikimedia.org/wiki/File:1tf7.jpg? uselang=zh-cn〕

数量才会越多。"

"原来是这么回事。"

"可是，狼太多了，就会抑制羊的数量，羊会逐渐减少。同样，蛋白质太多了，就会重新进入细胞核，连接到一个特定的区域，反过来抑制信使 RNA 的产生，使它越来越少。"

"那接下来呢？"

"羊减少了，会导致狼跟着减少。同样，信使 RNA 减少，制造出来的蛋白质也相应减少，这样一来蛋白质就没法继续抑制信使 RNA 了，就像减少的狼群没法抑制羊群的增长一样。"

哥哥点点头，爸爸继续讲：

"狼减少了，羊群会继续增加。而对于细胞来说，蛋白质减少了，信使 RNA 会继续增加，于是又开始了新一轮的循环。这就是细胞里生物钟的工作原理。这个周期差不多是 24 小时。"

"这么一说，我明白了。细胞里所发生的一切确实有点像草原上的羊和狼。"

"在草原上，狼的数量跟随羊的数量增加、减少。细胞里也类似，蛋白质的数量跟随着信使 RNA 的数量的变化而变化。"

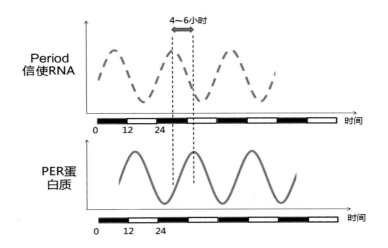

▲在果蝇体内发现的第一个生物钟 DNA 和对应的蛋白质被命名为 PER。PER 蛋白质的水平跟随着信使 RNA（反映 DNA 的数量）变化而变化，就像狼群随着羊群变化而变化

"人体里一共有多少个这种生物钟？"哥哥问。

"整个人体有数以亿万计的生物钟。"

"天哪！"妹妹惊讶地叫道。

"它们虽然数量众多，但各司其职，相互配合。你的胃里有胃钟，控制你什么时候觉得饿了，你的肾脏里有肾钟，决定内分泌的水平，等等。"爸爸说。

"如果我们家里摆了这么多时钟，那么到底要以哪个为准呀？"

妈妈问。

"嗯，这是个好问题！人体里还有一个主时钟呢，它负责调控其他器官和细胞里的生物钟。"

"为什么需要这样一台主时钟来调控其他时钟？"

"因为人体生物钟每天也会快一点儿或慢一点儿。比如一个人的生物钟周期是 24.5 小时，如果不调节，每天会差半个小时，三个星期后他的生物钟就和外部时间昼夜颠倒了。"

"原来如此。"哥哥说，"那这个主时钟在人体的什么位置呢？"

"它位于我们的大脑前部，确切说是在下丘脑的前部，一个叫作'视交叉上核'的位置，就在你两眼之间的眉心里面。"爸爸说。

"这不是二郎神的第三只眼吗？"哥哥问。

"确实有点像第三只眼，因为这个视交叉上核处于视神经的通道上，是光线从视网膜进入大脑的必经之路。"爸爸说。

"哈！还真让我说对了。"哥哥说。

"主时钟为什么会位于这里呢？"妈妈问。

"上午我们从岩洞里爬出来的时候说过，光线可以调节生物钟，还记得吗？对人体来说，光线就是调校生物钟的那只手，而位于视神经通道上的视交叉上核就是生物钟上的旋钮。光线通过转动旋钮，就可以调节主时钟，进而调控其他细胞里的生物钟。"

"哦，那光线到底怎么调节生物钟呢？"哥哥问。

"阳光照进我们眼内，通过视神经进入视交叉上核。视交叉上核里的 2 万个细胞有节奏地律动，它们捕捉到光线里的时间信息，进行校准，然后像乐队的指挥棒一样，调动全身的其他细胞按照它的节奏运作。"爸爸说。

"如果在雷雨天，一道闪电的亮光会不会扰乱我们的生物钟？"妈妈问。

"那倒不会，生物钟的周期长达 24 小时，一道闪电的瞬间不足以影响生物钟里 DNA 的复制和蛋白质的生成。但如果我们睡前长时间地看电脑、手机，这些屏幕所发出的蓝光成分就会强烈地抑制大脑中褪黑素的分泌，让我们不再产生睡意，到了夜间反而变得很清醒。"爸爸说。

妈妈看了看表："对了，我们明天还要早起呢！早点睡觉吧。"

"是啊，差点忘记了！"哥哥说。一家人立刻睡下了。

知识
盒子

生物钟的"嘀嗒"

1990 年，保罗·哈丁和杰弗里·霍尔根据果蝇体内发现的一种生物钟 period 基因，提出了一套分子生物钟机制。这套机制非常简洁，基因与蛋白质就像钟表的齿轮与连杆一样相互驱动，交替发出"嘀"和"嗒"的声音。

这个过程与草原上狼和羊数量变化的例子很像，只需把羊替换成 DNA，把狼替换成蛋白质。在草原上，狼有了食物，数量增加；在细胞内，有了 DNA 信息，就可以组装出更多的蛋白质。在草原上，过多的狼吃掉了很多羊，令羊无法快速繁殖；在细胞里，过多的蛋白质进入细胞核，抑制了 DNA 的复制。

首先，period 基因（锯齿状）被信使 RNA（橙色长条状）复制，生物钟开始循环（图①），相当于时钟发出了"嘀"的一声。细胞核外开始合成 PER 蛋白质，即图②里的卷曲物。生成的蛋白质越来越多（小心，狼越来越多！），它们进入细胞核内（图③）。然后蛋白质连接到启动子区域，抑制生成信使 RNA（图④：狼多为患了，羊群在颤抖！），相当于时钟发出了"嗒"的一声。进入细胞核的蛋白质越来越多，信使 RNA 和 PER 蛋白质被严重抑制（图⑤：可怜

118

的狼，食物越来越少），蛋白质的数量越来越少。当所有
PER蛋白质的生成都停止后，它不再抑制period基因（图⑥），
于是period信使RNA开始了新一轮PER蛋白质的生成（图
①：羊群又开始恢复了），进入下一个昼夜节律的循环。

　　这种"嘀嗒"的生物钟机制和老爷钟里的擒纵轮机制
非常相似，都是增长和抑制两种力量之间的相互制约平衡。
由于在分子生物钟模型研究上作出了卓越贡献，杰弗里·霍
尔获得了2017年诺贝尔生理学或医学奖。

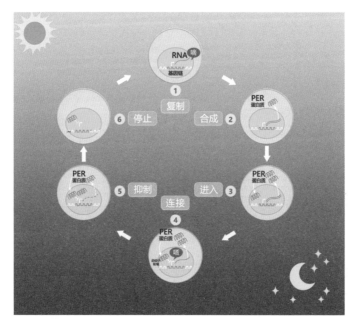

▲分子生物钟简化模型：一昼夜内period基因与蛋白质的
　周期变化构成的生物钟"嘀嗒"

登山看日出：生命的偶然

第二天清晨，一家人早早就起了床。走出帐篷，清晨凉爽的空气让人清醒了很多。

天空开始泛白，群星渐次隐退，准备和太阳交接班。爸爸带着大家向附近的一座小山走去，到那儿看日出。刚刚走出去没多远，哥哥和妹妹的裤腿就被露水沾湿了，不过他们仍然蹦蹦跳跳地走着。一人宽的小径弯弯曲曲通到山顶，两旁是茂密的青草。小路上的泥土湿润，柔软瓷实，散发出醇香的气息。爸爸走在前面，哥哥和妹妹跟在后面，想着几天后暑假就要结束，又要和爸爸离别，两个孩子心里不禁有些失落。妈妈走在最后，时不时回头看看，似乎要把这景色留在心底。

半个小时后，他们到了山顶。朝东望去，一朵云盘桓在地平线上。地平线下那个光亮的所在，为云朵镏上了一层金边。天地间一片寂静，偶尔传来几声虫鸣。群山静静矗立，仿佛刚从梦中醒来。山腰上的树木挺立着，准备沐浴第一缕阳光。远处的布谷鸟在啼叫，声音清脆悠远。轻风拂面，小草微微摆动。

哥哥和妹妹专注地望着东边有亮光的地方，一刹那，他们脸上、额头上的绒毛被晶莹的金光照亮了，瞳孔里出现了一个橙红色的亮点。妹妹的嘴微微张开，目不转睛地看着眼前的一切。突然耳边传来一阵空气震颤的声音，一群飞鸟从旁边的树上扑棱着飞起，吓得妹妹赶紧用双手捂着耳朵。

瞬间，群山的轮廓沐浴在橙红的氤氲之中，草地上每颗露珠里都冒出一朵晶莹。东边那个橙红色亮点不徐不疾地扩大，上升，仿佛下面有什么东西在托举着它。周边的云彩变成了紫色的云霓，环绕着这道光亮。对面青翠的大山被初升的太阳照得通亮，在碧蓝的苍穹映衬下，显得英姿勃发。一条带状的白云横跨山峦，犹如张弓弩射。

渐渐地，那个橘黄色的圆盘露出半个脸庞，柔和而自如地发散出光芒，温暖地照在一家人身上，像慈母轻轻地抚摸着孩子，充满亲昵之情。近处的山默默注视着远处低语的群山，不肯轻微动一下。丝带般的白云在天空中轻轻涌动，俯瞰着这一切。

哥哥和妹妹伫立着，他们的身影融进了大山，融进了白云，融进了这碧蓝的天空。他们浑然忘记了自己，不再思念过去，也不再担忧未来，虽然仍有遗憾，但不再惧怕别离，甚至不再渴求什么，也不再留恋什么，心中只有一片空灵。时间仿佛消失了。虽然这美景不会亘古不变，但他们内心自在如初。

橘色的圆盘完全跃出云层，轻盈地悬浮于云朵之上。它继续悠然地上升，一如两个少年胸中升起的柔软而无畏之心。

一家人缓缓朝山下走去。假期就要结束了，大家心里都在想着什么，但没有人说话。回到营地，他们最后一次收拾行李，上路回家了。

爸爸望着车窗外的绿色，陷入沉思。大自然中，所有的生命都沉浸在自我之中，花儿忘情绽放，树枝尽情摇曳，忘记了时间的存在。而在学校、工厂中，所有的人都盯着钟表，专注于每一个日程表，忘记了自我的存在。现在，自己也即将投身于那个日程表中了。

妹妹拿出图画本，画下今天早上见到的美景。汽车的身影在群山的注视下转过了一道山梁。

爸爸望着路上的车辙，仿佛时间碾过的印迹。过去的这个夏天真的会永远过去和消失吗？那未来的呢，真的尚未到来吗？

"今天是几号？"妹妹画完了，她用铅笔抵着下巴问大家，准备标上日期。

"八月底或九月初吧，不记得哪一天了。"哥哥说。

"第一天。"妈妈侧过头来插了一句。

"九月的第一天吗？"妹妹摇着笔问。

"不，是你人生剩余日子的第一天。"妈妈说。

"剩余日子的第一天……"哥哥和妹妹重复着。

过了一会儿，妈妈觉得后面很安静，回头一瞥，发现哥哥既没有睡觉，也没有欣赏旁边的风景，而是怔怔地坐着。

"怎么这么安静，你有什么担心的事情吗？"妈妈问哥哥。

"爸爸这次出差还是坐长途飞机吗？"哥哥问。

"是啊。"妈妈答道。

"我记得爸爸回家的飞机出故障后，我们第一次去露营时，爸爸说人生最不可思议的就是生命的无常。"

"哦，原来你担心的是这个啊。"妈妈说，"你放心不下爸爸的安全，是吗？"

哥哥点点头。

妈妈深深吸了一口气，把手搭在扶手上，望着前方的地平线。远方新的山峦一点点出现，但总是无法穷尽所有的风景。车厢里很安静，只有马达发出的单调的声音。

过了一会儿，妈妈回过头来对哥哥说："对了，你还记得爸爸昨天跟你们讲的 DNA 信息复制吗？"

"嗯，我记得。DNA 信息从上一代复制到下一代，生命才能不断延续。"

"是的，但有时我们需要反过来想一想，这样能帮助我们解开一些疑惑。"

"是吗？怎么反过来想呢？"

"你应该听说过吧，DNA 信息的复制并不总是像复印一张纸那样准确，有时候信息复制会出现差错，这是无法预测的。但正因为这些偶尔的错误，生命才会变得不一样，才有机会改变自己，适应新的环境。"

"这说明了什么呢？"

"这说明，这种不确定性、不可预测性是生命本身的一部分。生命在地球上演化了几十亿年，但仍然没有排除这种不确定性，说明它内植于生命之中。如果消除了这种不确定性，生命的 DNA 信息总是完美地复制自己，那么就永远没有了变化的可能，生命将一成不变，地球上永远不会有更高级和更复杂的生命。"

哥哥和妹妹瞪大眼睛，听妈妈继续讲。

"我们常说'年年岁岁花相似'，但一切看起来不变的东西，其实都在变化。我们经常说'坚实的大地'，但你们知道吗，其实大地一直在运动。印度洋板块以每年至少 5 厘米的速度向北移动，造成了喜马拉雅山脉持续升高，而 2.5 亿年后，七大洲将合并为一个超级大陆。由于一些偶然的原因，非洲东海岸在很久以前被向上抬起，阻隔了印度洋的暖湿气流，使东非的森林变成树木稀疏的平原。大约几百万年前，猿猴从树上来到地面，开始直立行走。如果没有这些偶然的变化，也就不会有今天的人类。"

哥哥和妹妹听懂了一些。爸爸侧过头来，微笑着看了看妈妈。

"妈妈说得对，"爸爸说，"不止地球和生命在变化，太阳系、宇宙都在变化，甚至我们的文化也在随之变化。70 亿年前，宇宙开始加速膨胀。50 多亿年前，太阳还只是一片星云，那时我们身体里的铁、碳原子还在太空中飘荡。在 6.2 亿年前，地球上的一天只有不到 22 小时。3.5 亿年前，地球的一年长达 385 天。如果那时就有人类，他们的钟表设置、新年规则以及昼夜节律周期会和现在大不相同。我们把这种变化叫作'时间'。"

妈妈接着说道："这种变化和变异就是一种不确定性，它让生命的出现成为可能。就单个生命来说，它不喜欢这种不确定性，总希望能够尽量避免。但就生命全体来说，它是好事，因为不确定性意味着改变和适应。即使经历了五次生物大灭绝，甚至有一次 95% 以上的物种都消失了，但存留的生命还是顽强地适应了新的变化，繁衍出更加丰富的物种。生物的多样与丰富恰恰来源于它的偶然性。一个生命在消失前，把宝贵的信息遗传给后代，并给后代留下了改进的机会，还有什么比这更好的呢？"

哥哥终于露出了久违的笑容，像车窗外远处的群山一样安宁。

在汽车的颠簸中，路两边的树木不断向后退去、远离，每个人的思绪都像潮汐般起起落落。一个夏天的风餐露宿、披星戴月、上山下溪，又一次在心里泛起涟漪。那些欢乐、困乏、孤寂的星光、饥肠辘辘的肚子、太阳下的暴晒，都被精心地收藏，存放在一座心灵的岛屿上。

太阳轮回一次的分离与等待，换来月亮轮回一次的相聚，显得如此不成比例。想着即将到来的离别，妈妈在心里默默地说："时间在不同的地方流逝，而我们对彼此的思念，却会在相同的时间开始……"

知识
盒子

129

　　最后一个知识盒子是——

　　空的。你没看错，是空的，为的是空掉你已有的知识……

　　如果仔细搜寻一下，盒子左下角有个小黑点，那是人类千万年来世世代代所累积的全部知识——楔形文字、甲骨文、竹简、羊皮卷、成千上万座图书馆里的纸书、整个互联网的网页——在无限知识中所占据的那么一点儿空间。

　　现在，请把书本拿远一点儿，暂时忘记黑点，注视着大片空白，想象你可以在怎样一大片银白的雪原上尽情漫步、奔跑、打滚、匍匐、翻腾……

本章深入阅读书单

关于生物的昼夜节律的基本原理、发现过程以及分子生物钟等，请参考 [1] [2] [3]。

关于 2017 年发现的生物钟的温度补偿机制，请参考 [4]。

[1]《近日生理学》，［美］罗伯特 / 陈善广、王正荣 译，科学出版社，2009

[2]《生命的节奏》，［英］拉塞尔·福斯特、利昂·克赖茨曼 / 郑磊 译，当代中国出版社，2004

[3]《时间之问》，汪波，清华大学出版社，2019

[4] "Temperature-Sensitive Substrate and Product Binding Underlie Temperature-Compensated Phosphorylation in the Clock"，Shinohara Y, Koyama Y, Ukai-Tadenuma M, et coll. *Molecular Cell*, 2017, 67:783-98

致谢

　　记得 2018 年草长莺飞之际，我开始构思《时间之问·少年版》。怀揣着出版社的嘱托，我的思绪如植物般滋长，朝各个方向抽条发枝。之后，这些枝条的绝大部分虽已长大，却并没令我满意，因而无法逃脱被忍痛剪掉的命运。久违的灵感在绿树浓荫的夏至那一天悄然而至，冥冥中暗示我，夏日就应该走出家门，跟孩子到山间溪边，与星光虫鸣做伴。一家人就这么上路了。

　　初稿完成，我返回来补写全书的第一节。随着键盘声，最后一句话显示在屏幕上："是的，他（爸爸的心）已经到家了。"这行字立刻在我眼前模糊起来，只有镜片上的雾气和眼眶里温热的水珠在悄然流转。静下来后，我嗅出了这不期而至却又熟悉的感觉，它曾多次在我写作正酣时对我发动突袭。我自问：难道是这些小小的水滴浇灌了我的作品？这对于一本科普书来说似无必要，此前我一直如此认为。现在我明白了，它不属于理性的管辖之地，却是我们之所以是人类的凭据。

　　写作是一场修行，感谢所有支持和激（刺激）励（鼓励）过我的人。

　　感谢女儿和你纯真好奇的大眼睛。我们蜷在一起阅读、嬉戏、一问一答，你贡献了一个又一个的"为什么"。感谢家人，你们的陪伴为这个野外旅行故事提供了源源不断的灵感。

　　感谢行距文化做我坚实的后盾。身兼资深出版人和孩子母亲双重角色的毛晓秋女士，对书稿的完善提出了双份见解。她把诸多干扰屏蔽在我的笔尖之外，还跟博雅小学堂一起策划了本书的音频节目。

　　感谢广西师范大学出版社神秘岛公司的资深编辑们对本书的精心锻造，他们提出了知识盒子的好点子，并搭配了漂亮的手绘插图，还不遗余力地挑出隐藏的"虫子"。

　　感谢您，读者！只要书里的故事能使您生发一点儿兴趣的种子，我就会很高兴，相信这种子会在未来的时间里继续萌发。期待听到您的反馈意见，只需通过这个神秘的传输门：wangbo.i@qq.com。

　　谨向所有的少年致敬！

汪波

2020 年 1 月 1 日